OHM大学テキストシリーズ

刊行にあたって

編集委員長 辻 毅一郎

　昨今の大学学部の電気・電子・通信系学科においては，学習指導要領の変遷による学部新入生の多様化や環境・エネルギー関連の科目の増加のなかで，カリキュラムが多様化し，また講義内容の範囲やレベルの設定に年々深い配慮がなされるようになってきています．

　本シリーズは，このような背景をふまえて，多様化したカリキュラムに対応した巻構成，セメスタ制を意識した章数からなる現行の教育内容に即した内容構成をとり，わかりやすく，かつ骨子を深く理解できるよう新進気鋭の教育者・研究者の筆により解説いただき，丁寧に編集を行った教科書としてまとめたものです．

　今後の工学分野を担う読者諸氏が工学分野の発展に資する基礎を本シリーズの各巻を通して築いていただけることを大いに期待しています．

通信・信号処理部門
▶ ディジタル信号処理
▶ 通信方式
▶ 情報通信ネットワーク
▶ 光通信工学
▶ ワイヤレス通信工学

情報部門
▶ 情報・符号理論
▶ アルゴリズムとデータ構造
▶ 並列処理
▶ メディア情報工学
▶ 情報セキュリティ
▶ 情報ネットワーク
▶ コンピュータアーキテクチャ

編集委員会

編集委員長　辻　毅一郎（大阪大学名誉教授）

編集委員（部門順）

共通基礎部門	小川 真人（神戸大学）
電子デバイス・物性部門	谷口 研二（奈良工業高等専門学校）
通信・信号処理部門	馬場口 登（大阪大学）
電気エネルギー部門	大澤 靖治（東海職業能力開発大学校）
制御・計測部門	前田 裕（関西大学）
情報部門	千原 國宏（大阪電気通信大学）

（※所属は刊行開始時点）

OHM 大学テキスト

電力発生・輸送工学

伊与田　功 ─────［編著］

「OHM大学テキスト 電力発生・輸送工学」
編者・著者一覧

編著者	伊与田 功	[1, 7, 12, 14 章, 15-2 節]
執筆者 (執筆順)	安田 陽	[2, 6, 8, 9, 10, 11 章, 15-1 節]
	宮内 肇	[3, 4, 5 章]
	石亀 篤司	[13 章]

本書を発行するにあたって,内容に誤りのないようできる限りの注意を払いましたが,本書の内容を適用した結果生じたこと,また,適用できなかった結果について,著者,出版社とも一切の責任を負いませんのでご了承ください.

　本書は,「著作権法」によって,著作権等の権利が保護されている著作物です.本書の複製権・翻訳権・上映権・譲渡権・公衆送信権(送信可能化権を含む)は著作権者が保有しています.本書の全部または一部につき,無断で転載,複写複製,電子的装置への入力等をされると,著作権等の権利侵害となる場合があります.また,代行業者等の第三者によるスキャンやデジタル化は,たとえ個人や家庭内での利用であっても著作権法上認められておりませんので,ご注意ください.
　本書の無断複写は,著作権法上の制限事項を除き,禁じられています.本書の複写複製を希望される場合は,そのつど事前に下記へ連絡して許諾を得てください.

出版者著作権管理機構
(電話 03-5244-5088, FAX 03 5244 5089, e-mail: info@jcopy.or.jp)

JCOPY <出版者著作権管理機構 委託出版物>

まえがき

　本シリーズの中で本書と別巻「電力システム工学」は電力系統を対象としており，本書が発電と送配電というハードウェアに関して説明し，「電力システム工学」では，電力系統の計画，運用と保守，系統解析などのソフトウェア面を扱っている．

　本書の企画のお話を頂いた時，浅学非才で教員としての経験の乏しい身で，長い歴史があり良書も豊富な発電と送配電という分野で新たに出版する価値があるような書物が編めるか不安であった．幸い，大変優秀な方々に共著者になって頂くことができたので，先行する良書を参考にしつつ長年の企業勤務で培われた価値観と高専と大学の両方の教育経験をベースに本書の編著を担当することにした．

　本書では，電力系統の歴史と材料について類書に比べ少し多く説明している．歴史は第1章で詳しく説明し，材料については一つの章を設けた．また，全く現場の知識のない大学・高専の学生の立場にたって具体的な物のイメージが浮かぶように丁寧に説明することを心がけた．教科書は理論的・抽象的な記述が多くなり，学生諸君からすると別世界の話という感覚になりがちであるが，諸君が普段気軽に利用しているコンセントの背後には，先人の努力の積み重ねがあり，膨大な機器と多くの技術者が存在していることに気付いて欲しいからである．また，紙面の都合で扱えなかった項目もあるが，電験3種の出題範囲などを参考にして，本書1冊で発電と送配電で必要とする基礎知識がすべて得られるように項目の選定と説明の深さを配慮した．その上で分散電源やスマートグリッドなど発電，送配電の新しい流れについても触れることにした．

　本書を手にした諸君の幾人かが将来この分野の技術者になったとしたら筆者の望外の喜びである．

　最後に，図表等を提供いただいた関係各位，終始変わらないサポートを頂いたオーム社の方々，ご指導頂いた編集委員会の先生方に，本書の著者陣を代表して謝意を表する．

2013年9月

編著者　伊与田　功

目次

1章 電力系統の概説
1・1 電力系統の始まりと電力系統の構成　*1*
1・2 発電方式　*3*
1・3 送電方式　*6*
演習問題　*10*

2章 電気材料
2・1 導体（導電材料）　*11*
2・2 絶縁体（絶縁材料）　*13*
2・3 磁性体（磁性材料）　*17*
演習問題　*22*

3章 火力発電
3・1 熱サイクル　*23*
3・2 火力発電のしくみ　*27*
3・3 火力発電所の効率　*31*
3・4 さまざまな火力発電　*33*
演習問題　*34*

4章 原子力発電
4・1 核反応　*36*
4・2 原子力発電所のしくみ　*39*
4・3 原子燃料サイクル　*45*
4・4 新しいタイプの原子炉　*46*
演習問題　*47*

5章 水力発電
5・1 水力学　*49*
5・2 水力発電所のしくみ　*51*
5・3 水力発電所の運用　*56*
5・4 揚水発電　*58*
演習問題　*59*

6章 再生可能エネルギー
6・1 再生可能エネルギーの概要　*61*
6・2 太陽光発電　*64*
6・3 風力発電　*71*
6・4 バイオマス発電　*76*
6・5 その他の再生可能エネルギー　*78*
6・6 再生可能エネルギーの問題点と課題　*79*

演習問題　*80*

7章　輸送設備の概説
7・1　交流送電の基本特性　*81*
7・2　電力輸送設備に求められる特質　*85*

演習問題　*88*

8章　架空送電線
8・1　架空送電線路の構成要素　*89*
8・2　電線（電力線および架空地線）　*91*
8・3　がいし　*95*
演習問題　*96*

9章　変電所・送配電線の異常電圧と対策
9・1　雷現象　*98*
9・2　送電線の耐雷設計　*101*
9・3　過電圧に対する対策　*104*
演習問題　*107*

10章　ケーブル送電線
10・1　電力ケーブルの構造と種類　*108*
10・2　敷設方式と線路構成　*111*
10・3　電力ケーブルの電気定数　*113*
演習問題　*116*

11章　変電および変電所
11・1　変電所の構成　*117*
11・2　電力用変圧器　*118*
11・3　中性点接地方式　*121*
11・4　その他の変電機器　*122*
演習問題　*125*

12章　保護制御システム
12・1　保護リレーシステムの基本　*126*
12・2　保護リレーシステムの種類　*127*
12・3　系統の各種異常現象とその保護　*131*
12・4　変流器と計器用変圧器　*133*
演習問題　*135*

13章　故障計算と対称座標法
13・1　故障の形態　*136*
13・2　対称座標法　*137*
13・3　故障計算　*140*
演習問題　*146*

目次

14章 配電系統
14・1 配電系統の構成　*147*
14・2 配電系統の機器　*151*
14・3 配電系統の特性　*153*
演習問題　*157*

15章 将来の電力発生輸送
15・1 新しい電源の課題と将来展望　*158*
15・2 送配電系統の課題と将来展望　*162*
演習問題　*168*

演習問題解答　*169*
参考文献　*178*
索引　*180*

1章 電力系統の概説

本論を解説し始めるにあたり，電力系統の歴史と発電・送電方式などを本章では概説する．それぞれの詳細については2章以降を参照されたい．

1·1 電力系統の始まりと電力系統の構成

現代生活は電気エネルギーに大きく依存しており，その供給は主に電力系統が担っている．現代人は電気を水や空気と同じような当たり前の存在として利用しているが，人類の歴史の中で電気エネルギーの利用はごく最近に始まったものであり，1850年頃まではまったく存在していなかった．電力系統は，様々な人々が長年にわたり，様々な発見や発明を成し遂げて実現したものであるが，現在の電力系統に結びつく最初の発明は，**ボルタ**（Alessandro Volta, 1745～1827）の電池であろう．それまでの静電気は一瞬のうちに放電して消えてしまうが，ボルタの電池により，継続的に電流を流すことができるようになり，電気に関する研究が急速に発展した．そして，**アンペール**（André Marie Ampère, 1775～1836），**ファラディー**（Michael Faraday, 1791～1867）などの発見により，電気と磁気の関係が解明された．電力系統の発電機，変圧器などは彼らが発見した原理に従っている．この電気に関する種々の発見や発明をまとめて，電力系統というシステムとし，電気による照明を事業化したのが米国の**エディソン**（Thomas Alva Edison, 1847～1931）である．エディソン以前にもアーク灯による照明事業があったが，天才的な起業家であったエディソンは，中央発電所で電力を集中して発電し，複数の需要家に設置した電灯と発電所を電線で結んで照明を提供するシステムを構想した．そのためには，高抵抗の電灯を並列接続する必要があるとして白熱電球を作り出した．また，配電線や電力使用量を測定するメータも作った．そして，1882年にニューヨークで白熱電球による電灯事業を始めた．これが電力系統の始まりである．規模はまったく異なるが，電気エネルギーを発生する部分（**発電**），輸送する部分（**送配電**），消費する部分（**需要家**）という電力系

統を形成する要素がすべて含まれており，電力系統はエジソンによって発明されたということができる．

幸運なことに我が国は1868年に明治新政府が樹立し，徳川時代の鎖国をやめて開国政策に転換したので，志田林三郎（1855～1892）などの先駆者の活躍で最先端の電気工学を世界の大勢に遅れることなく導入でき，その後の我が国の産業発展を可能にした．東京電灯はニューヨークの電灯事業のわずか5年後の1887年には，架空送電線による電灯事業を始めている．しかし，完全な自由競争に任せて，将来を考えた計画的な導入ができず各電力会社が勝手に周波数を選択したため，一つの国に50 Hzと60 Hzの二つの周波数の地域があるという禍根を残すことになってしまった．このような国は世界でもめずらしい．

電力系統が今日のように発達した理由，すなわち，電力系統の本質は，需要の統合にある．各需要家が消費する電力は時々刻々変化する．もし，それぞれの需要家ごとに独立して発電機を持つシステムだとすると，それぞれの需要家はピーク電力に等しいかそれ以上の容量の発電機を用意することになるので，全体の発電機設備は，それぞれの需要家のピーク電力の合計かそれ以上ということになる．しかし，需要家のピークがすべて同時刻に発生するわけではないので，需要家を送電線で結んで中央の発電機から電力を供給するシステムでは，発電機の容量は，各需要家のピークの合計より少なくてよい．すなわち，**負荷の平準化**が電力系統の重要な役割である．本書，『電力発生・輸送工学』では，この電力系統のうちのハードウェアすなわち，発電と送配電のについて学ぶことになる．ソフトウェアすなわち，システムの計画，運用と保守，系統解析については，別著『電力システム工学』で説明するので，そちらも併せて学習することを推奨する．

初期の電力系統では，使用できる材料も限られており，技術も発展していなかったので，その効率は非常に悪かった．発電機の効率は60%程度であり，送電線についても，1882年のミュンヘン電気博覧会で実施した57 kmの送電実験では発電側（送電端）2 400 Vに対し，電動機側（受電端）は800 Vで送電効率は33%であったと言われている[1]．なお，本節における歴史的事例については参考文献1)を参考にしている．

1・2 発電方式

　電力発生すなわち発電には，種々の方式があるが，今日主に利用されているのは，水力発電，火力発電，原子力発電であり，その他にまだ量は少ないが太陽光発電，風力発電，地熱発電などがある．図1・1は1945年から30年ごとの我が国の自家用を含めた発電設備容量の変遷を表したものである．1945年では水力が全体の62%あったが，オイルショック直後の1975年では72%が火力であった．その後はエネルギーの安全保障の観点から，原子力が積極的に利用されるようになり，2005年には水力を追い抜き，18%までになっている．総発電量は，1945年に，10 GWであったものが，2005年には274 GWになっている．

　火力発電は，燃料の持つ化学エネルギーを燃焼により熱エネルギーに変換し，さらに機械エネルギーに変換したのち，電気エネルギーに変換するものである．電力系統で主に利用されている方式は，熱エネルギーで水蒸気を発生させ，タービンで機械エネルギーに変換して利用する蒸気タービン方式である．他に燃焼ガスで直接タービンを回転させるガスタービン方式もある．自然現象に影響されることもなく，発電容量あたりの発電所の占有面積も水力に比べ，小さいというメリットがあるが，排気ガスの問題がある．硫黄酸化物（SO_x），窒素酸化物（NO_x），微粒子などの問題はほぼ解決されたが，二酸化炭素の問題がある．また，燃料の大半を海外に依存しており，資源の枯渇と調達のリスクの問題があ

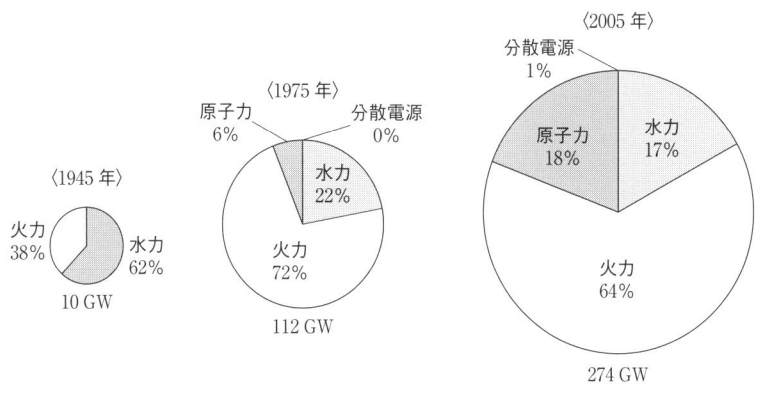

図1・1　我が国の発電設備の変遷（電気事業便覧データより作成）

る．

　原子力発電は，核分裂によって失われた質量に相当する熱エネルギーが発生する現象を利用し，その熱エネルギーで蒸気を加熱してタービンを回転させる．後は火力発電と同じである．原子力発電は，発電容量あたりの発電所の占有面積も小さく，排気ガスの問題もなく，燃料のリスクも小さいというメリットがあり，一方で，放射性物質の管理，事故時の社会的リスクという問題がある．

　水力発電は，水の位置エネルギーを電気エネルギーに変換するものである．詳しくは5章で説明するが，水力発電の出力は落差と流量に比例する．我が国の川は水量が限られている上に，季節による変動が大きいので，ダムを建設して貯水し，かつ長い水管を用いて，高落差にして発電している．カナダ，ブラジル，ロシアなどでは，流量が多いので低落差でも大きな発電量を得ている．電力系統からすると，水力発電は燃料は不要で制御性がよいという長所があるが，降雨量など自然条件によって期待できる出力が影響を受けるという欠点がある．

　以上が従来からある主要発電方式である．以下，最近増加している発電方式について説明する．

　太陽光発電は，太陽光エネルギーを半導体のpn接合面で直接電気エネルギーに変換するものである．資源の枯渇の問題がなく，CO_2の問題もない．一方で，出力は気象条件で変動し，夜間は発電できない．また，$1\,m^2$で100～200 W程度しか発電できないので，膨大な面積を必要とする．

　風力発電は，風のエネルギーを機械エネルギーに変換して発電するもので，プロペラを用いたものが主流である．風力発電も，資源の枯渇の問題がなく，CO_2の問題もない．また，夜間も発電できる．しかし，気象条件で変動すること，適地が限られており，長距離送電をする必要があること，騒音などの問題が指摘されている．

　バイオマスは，植物が太陽光エネルギーから取りこんだエネルギーを活用して発電しようというもので，木材チップやごみを燃焼させて発電する方法，食品廃棄物などから発酵によりガス化して発電する方法，穀物などからエタノールを作りだして発電する方法などがある．これらからもCO_2が発生するが，これらは現在の地球上のCO_2を植物が固定化したものに由来するので，CO_2の量としては変化しないということから，カーボンニュートラルと言われている．また，資源の枯渇もない．出力も制御でき安定している．しかし，燃料を集めるために相

1・2 発電方式

当の労力を必要とし，コストが高くなる問題がある．

燃料電池は，水の電気分解の逆の反応として，水素と酸素から水ができる過程で電気を発生させるもので，アポロ宇宙船で，船内の電源供給と乗員の飲料水に用いられたことがよく知られている．現在はメタノールなどの水素以外の燃料を直接反応させて電力を発生させるものもある．熱機関を用いないので変換効率が高く，騒音なども少ない．出力も制御でき安定している．しかし，化石燃料を用いるものも多く，燃料の問題がある．また，コストが高い．

出力が制御できず，変動が激しい分散電源の導入が進むと電池などによる電力貯蔵も重要な技術となる．出力も制御でき，安定しており，燃料の問題もない．しかし，コストが高いこと，蓄積エネルギー密度が小さく，占有面積が大きいなどの問題もある．エネルギーの源を考えると，**表 1・1** の原子力発電と地熱発電は核分裂によるエネルギー，それ以外は太陽の核融合のエネルギーということになる．

図 1・2 に我が国における一日の需要曲線すなわち日負荷曲線と，発電の内訳の一例を示す．夜間は需要が少なく，多くの人々の社会活動を始める朝になると需要は増加する．そして我が国の特徴であるが，昼休みに需要が低下する．午後にピークに達して低下し，夕方にやや増加した後，深夜に向けて低下する．電力系統では周波数を一定に維持するため，需要と発電量は等しくないといけないのでこの需要の変化に合わせて発電量も調整する．まず，原子力発電は，ベースと

表 1・1 各種電源の特性比較

		出力安定性	コスト	燃料調達	占有面積	温暖化	災害リスク
従来発電	火力発電	○	○	×	○	×	△
	原子力発電	○	○	△	○	○	×
	水力発電	○	○	○	○	○	△
分散電源	太陽光発電	×	△	○	×	○	○
	風力発電	×	△	○	×	○	○
	バイオマス	○	×	△	○	○	○
	地熱発電	○	×	○	○	○	○
	燃料電池	○	×	×	△	△	○
	電力貯蔵	○	△	○	△	○	○

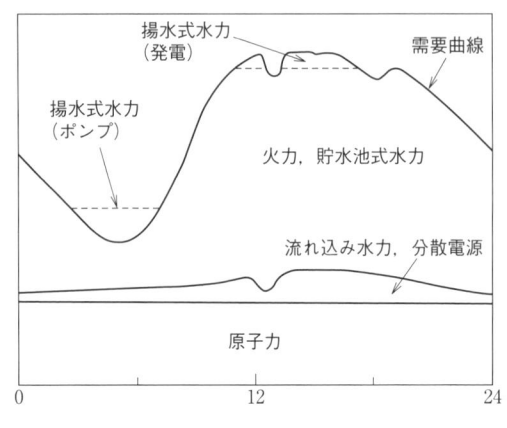

図1・2 日負荷曲線と電源分担

して常に一定の発電をする．また，流れ込み水力や分散電源は発電量が外部環境で需要と無関係に決まってしまう．したがって，火力発電と貯水池水力発電の出力を，全体の発電合計が需要とバランスするように調整する．なお，揚水発電所は，夜間に水を上池に汲み上げるので，その消費電力が実際の消費電力に加わることになり，逆に，昼間のピークには発電をするので，発電した分，前述の発電機群がバランスすべき需要は軽減される．このように電源設備を計画する場合には，それぞれの発電種の特性を考慮したベストミックスを考える必要がある．

1・3 送電方式

エディソンの電力システムは，直流送電方式であったため，送電コストが高いという致命的欠陥があった．これに対して，アメリカのウエスティングハウス（George Westinghouse, 1846～1914）が，スタンレー（William Stanley, 1858～1927）によって開発された交流送電システムを大々的に事業化していった．

直流送電システムと交流送電システムは，その後しばらく競争状態にあった（直流送電は，送電コストの面で，交流送電に及ばなかったが，電動機では優位に立っていた）．しかし，初めエジソンのもとで働き，後にウエスティングハウス社に移ったセルビア出身のテスラ（Nikola Tesla, 1856～1943）や，ドイツのド

1・3 送電方式

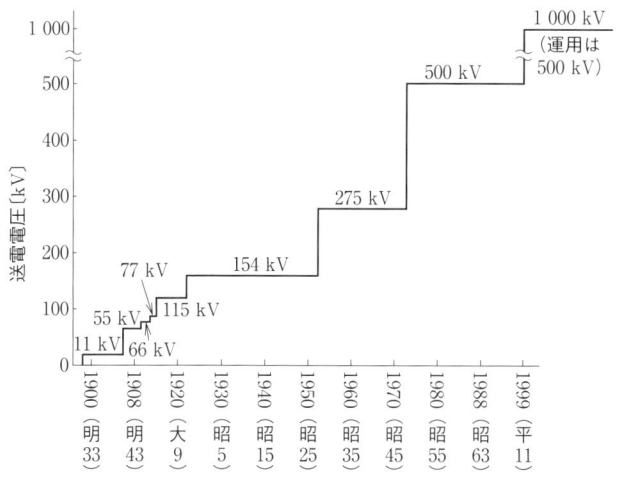

図 1・3 我が国の最高送電電圧の変遷

ブロウォルスキー（Michael dolivo Dobrowolsky，1862〜1919）らにより，交流電動機が開発されて，交流も有力な電動機を持つことができるようになると，交流の優位は決定的になった．現在は，世界中，交流による送電が基本になっている．

ただし，交流には，長距離大電力送電が原理的にできないこと，ケーブルによる送電をする場合，大きな静電容量により過電圧が発生することなどから，中国の三峡ダムの発電電力を沿海部へ送電する場合や，洋上風力発電した電力を海底ケーブルで陸地に送電する場合などには直流送電が用いられる．直流送電は，発電側で交流を直流に変換する順変換器と，受電側で直流を交流に変換する逆変換器（インバータ）で構成される．

その後の電力系統の発展において，送電線の損失を減らすため，送電電圧は次第に高電圧となっていった．図 1・3 に我が国の最高送電電圧の変化を示す．交流は変圧器で容易に電圧を変化させることができるので，現在の電力系統には，状況に応じて様々な電圧階級で電力供給がされている．図 1・4 に我が国電力系統の概念的構成図を示す．実際に運用はされていないが，1 000 kV 送電が可能な送電線もすでに建設されている．

実際の電力系統は図 1・4 のように簡単なものではなく，多くの発電所，変電所，負荷とそれを結ぶ送電線で構成される．その場合，それぞれの国の状況に応

1章 電力系統の概説

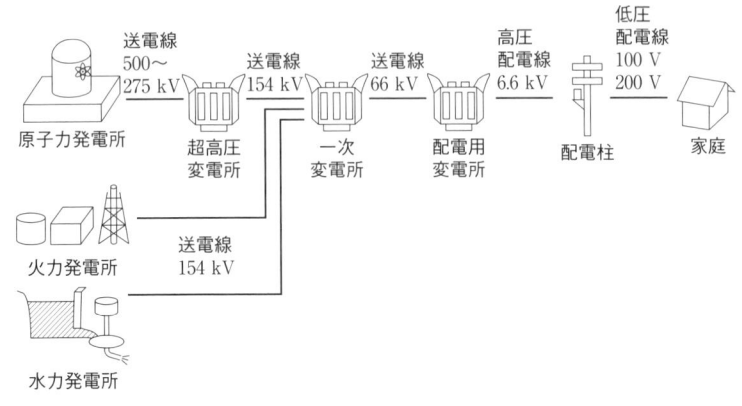

図1・4 我が国電力系統の概念的構成図

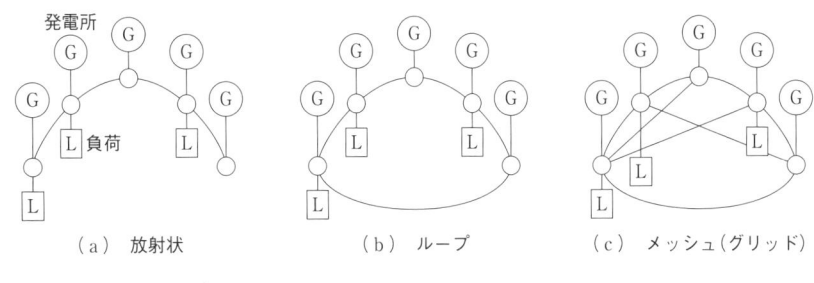

図1・5 電力系統の形態

じて種々の形態が現れる．図1・5の(a)は放射状系統というもので，発電所と変電所と負荷がそれぞれ1本の送電線で結ばれており，ある発電所から負荷までのルートは一通りしかない系統である．(b)はループと呼ばれる構成で，変電所レベルでループ系統が構成され，構成する送電線が一つ脱落しても，別のルートを迂回することで供給を続けることができる．(c)はメッシュ系統またはグリッド系統と呼ばれるもので，変電所がそれぞれ密に結合されている．この場合は，一つの送電線が脱落しても，まだ複数のルートが確保されていることが多く，信頼度が高く，安定度も高い．しかし，潮流の制御が難しく，安定度の限界を超えた場合は系統全体の大停電になる．

○― 1・3 ■ 送 電 方 式

図 1・6　我が国の電力会社間連系

　我が国は，地域ごとに 10 の電力会社があり，それぞれが地域独占を許されるかわりに供給責任（需要家が必要とする電力を必ず用意しておく責任）を負うという原則で発展してきた．そのため，それぞれが需給のバランスを責任を持って確保するので，融通の必要性が少なく，図 1・6 に示すように隣接電力会社とは，送電容量の少ない一点のみの連系になっている．

Column｜富士山エレベータ

　ここで，電気エネルギーの価値を定量的に考えてみよう．人間が自転車のペダルを漕いで発電する装置があるが，そのような装置で大人が発電できる電力は多くて 100 W と言われている．1 kW とは 10 人が一斉に発電して得られる電力である．今，重力加速度を 10 m/s^2 と近似すると，1 kW とは図 1・7 に示すように 100 kg（1 000 N）のものを 1 秒間に 1 m 持ち上げる能力（パワー）のことである．1 kWh とはその状態を 1 時間継続した時に使われるエネルギーである．1 時間は 3 600 秒であるから 3 600 m 持ち上げることができることになる．図 1・8 のように富士山にエレベータがあったとすると，1 kWh とは約 100 kg の人を頂上付近まで持ち上げるエネルギーであることがわかる．1 kWh のコストを考える．10 人を雇って 1 時間自転車を漕いでもらうと，時給 600 円としても 6 000 円である．一方，現在の電

9

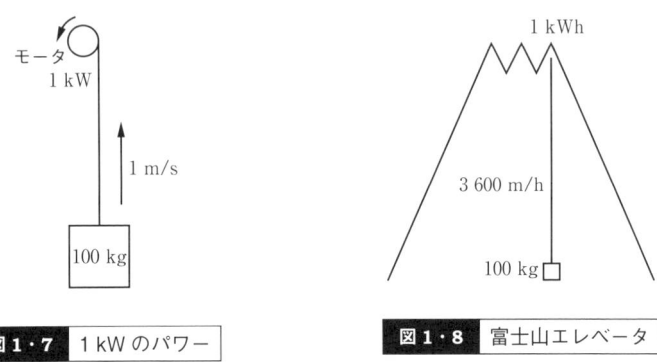

図1・7 1 kW のパワー   図1・8 富士山エレベータ

気料金は 1 kWh 20〜30 円程度である.

　kWh はエネルギーの単位である．SI 単位系では，エネルギーの単位は J である．1 J は 1 W で 1 s 間発電したエネルギーであるので，1 kWh は 3.6 MJ である．

1 電力系統を構成する3要素は何か？

2 エジソンの直流送電が交流送電に敗れた理由を述べよ．

3 電源の種類を五つ以上挙げよ．

4 定格電圧 100 V，定格電力が 100 W の電球を定格状態で点灯する．直流送電で送電線の抵抗を 1 Ω とすると送電損失はいくらか？　同じ送電線を用いて交流 1 000 V 級で送電し，負荷のところで変圧器で 1 000 V から 100 V に降圧して点灯した場合，送電線の損失はいくらになるか？　ただし，変圧器は理想変圧器で，抵抗分，漏れリアクタンスは無視できるものとする．

2章 電気材料

　一口に電気材料といってもその材質や用途によりさまざまなものがあるが[*1]，本章では電力の発生および輸送に必要な電気材料について概観する．電力の発生および輸送に必要な物質（材料）は，主に**導体（導電材料）**，**絶縁体（絶縁材料）**および**磁性体（磁性材料）**である．

2・1 導体（導電材料）

　導体（導電材料）とは「連続的に電気を流すことのできる物質や材料」（IEEE 電気・電子用語辞典の定義による）のことであり，導体に適した導電材料としては，一般に（ⅰ）**導電率が大きいこと**（すなわち，**抵抗率が小さいこと**），（ⅱ）機械的強度が大きいこと，（ⅲ）耐食性に優れていること，（ⅳ）加工し易いこと，（ⅴ）入手し易く安価なこと，のような条件が求められる．

　一般に**送電線**や**配電線**の線材に用いられている導電材料は銅とアルミニウムである．**表 2・1** に示す通り，導電率の高い金属としてはまず銀が挙げられるが，

表 2・1 主な導電材料の体積抵抗率（20℃）

材質	体積抵抗率 [Ω・m]
銀	1.62
軟銅	1.72
硬銅	1.81
アルミニウム	2.75
純鉄	9.8
鋼	10〜20

（出典）国立天文台編：理科年表 Web 版，丸善

[*1] 電気材料一般に関する詳細は OHM 大学テキスト『電気電子材料』を参照のこと．

その価格や入手容易性から特殊な用途を除いては一般的には使用されず，導電率は若干劣るが価格が安く入手しやすい銅がもっぱら用いられていることが理解できる．

　銅を用いた実際の線材としては，**軟銅線**や**硬銅線**が一般的に用いられている．**軟銅線**は電気分解で成分純度 99.99% 程度まで精錬した銅を 450～600℃で焼きなましたもので，その体積抵抗率は JIS C 3001：1981（日本工業規格「電気用銅材の電気抵抗」)[3]や国際規格などで $1/58\,\Omega{\rm mm}^2/{\rm m}$ と規定されている．軟銅は比較的柔らかく加工しやすいため，電気機器の巻線や低圧配線材料，いわゆるコードなどに用いられる．また，**硬銅線**は上記の精錬銅を常温で圧延したものであり，抵抗率は若干劣るものの（軟銅の 96～97%）強度を増すことができ，一般に送配電線用線材，通信線用線材などに用いられている．

　また，アルミニウムの導電率は軟銅の 61% 程度であり，導電率という点では銅に劣るが，比重が銅の 1/3 ということもあり，銅と同じ抵抗の電線を構成するのに約 1/2 の重さで済み価格も低廉であることから，電線材料として近年多く用いられている．特に**架空送電線**の電力線用としては，引張り強さが小さい（銅の 45% 程度）アルミニウムの短所を補うために鋼線を中心にアルミ線を外側により合わせた構造の**鋼心アルミより線（ACSR：Aluminum Cable Steel Reinforced）**が，現在最も多く用いられている（ACSR の詳細については 8 章を参照のこと）．

　なお，その他の特殊な電力線用導電材料として，近年，**超電導体**[*2] の応用が本格的な実用化に向け研究が進んでいる．超電導ケーブルは，極低温で電気抵抗が 0 になるという超電導の性質を利用したものである．例えば導体にニオブ（Nb）やニオブチタン（NbTi）を用いた場合，液体窒素および液体ヘリウムで温度を 4～5 K まで冷却すると電気抵抗を 0 に近づけることができ，小さい断面積で高密度の電流を流すことができる．また，導体に高温超電導体（77 K 以上）を用いた場合，冷却剤は液体窒素のみで済み，さらにケーブル全体の径を小さくすることが可能である．**超電導ケーブル**は理論上，1 回線あたり 1 GW 程度の大容量の送電が可能であり，主に我が国を中心に実証研究が進んでいるが，実用

[*2] 超電導の詳細に関しては，OHM 大学テキスト『電気電子材料』を参照のこと．なお，我が国では，主に電力工学の分野では「超電導」，主に電子材料・物性工学の分野では「超伝導」と慣習的に標記されるが，両者は同じものを指す．

化までには，線材の長尺化や低コスト化，冷却方式などさまざまな課題を解決することが必要である．超電導ケーブルに関しては，10章も参照のこと．

2・2 絶縁体（絶縁材料）

電力の発生・輸送にあたり，電気を通すための導体（導電材料）が主役であるのはもちろんのことであるが，電気を通さない**絶縁体（絶縁材料）**も非常に大きな役割を担っていることは留意すべきである．なぜなら，絶縁材料の性能や適切な使用方法は，人体や機器の安全・保全に直結するからである．

絶縁体（絶縁材料）に要求される性能としては，一般的に（ⅰ）抵抗率が高く，**絶縁耐力が高いこと**，（ⅱ）使用温度に耐え，化学的に安定で取り扱いやすいこと（固体絶縁材料の場合，機械的性質や加工性に優れていること．液体絶縁材料の場合，引火点が高く凝固点が低いこと．気体絶縁材料の場合，不燃性で液化温度が低いこと），（ⅲ）比熱，熱伝導度が大きく，冷却に適していること，（ⅳ）**耐コロナ性，耐アーク性**が優れていること，（ⅴ）人体に無害であること，（ⅵ）価格が安いこと，などのような性質が要求される．

このうち，抵抗率だけでなく絶縁耐力が高いことは，絶縁材料となりうる大きな条件のうちの一つとなっている．絶縁耐力とは，「材料が，破壊しないで耐えることのできる，最大の電位の傾き」（IEEE 電気・電子用語辞典）[1]であり，電界強度（電位の傾き）で与えられる指標である．**表2・2**に主な絶縁材料の絶縁耐力を示す．

絶縁材料には固体・液体・気体のさまざまな形態があり，それぞれさまざまな用途に用いられている．上記のような性能を満足する主な絶縁材料を形態ごとに分類すると，**表2・3**のようになる．また，JIS C4003 : 2010「電気絶縁—熱的耐久性評価及び呼び方」[4]では，各種絶縁材料を耐熱クラス別に分類し名称をつけている．**表2・4**にその分類と用途例を示す．

以下の項では，各種絶縁材料に関して個別に概観することとする．

〔1〕固体絶縁材料

固体絶縁材料の代表例は陶器（セラミックス）である．陶器製の絶縁材料は主に送配電線の**碍子（がいし）**に用いられている（がいしについての詳細は8

2章 電気材料

表2・2 主な絶縁材料の特性

物質・材質	体積抵抗率 [Ω・m] (20℃)	絶縁耐力 [kV/mm]
空気	—注	3.55
水素	—注	1.55
窒素	—注	3.80
雲母	10^3	5〜15
石英ガラス	$>10^6$	20〜40
磁器	10^{10}〜10^{12}	10〜15
天然ゴム	10^{13}〜10^{15}	20〜30
ポリエチレン	$>10^{14}$	20〜30
絶縁油(鉱油)	$>10^{11}$	>12
シリコーン油	$>10^{12}$	>20

注:気体の抵抗率はほぼ無限大と考えてよい.
(出典)国立天文台編:理科年表Web版,丸善
　　　　JIS C 2320:1990「電気絶縁油」
　　　　電気学会編:電気工学 ポケットブック第4版,オーム社

表2・3 主な絶縁材料の分類

固体	無機物	天然物	雲母(マイカ),石綿,水晶
		人工物	磁器,石英ガラス,鉛ガラス,強誘電磁器(チタン磁器)
	有機物	天然物	繊維質(木材,紙,布),ゴム(エボナイトなど),天然樹脂,油脂,石油系物質(パラフィン,アスファルト)
		人工物	フェノール樹脂,ポリエステル樹脂,エポキシ樹脂,シリコン樹脂,ポリエチレン,合成ゴムなど
液体	有機物	天然物	鉱物系絶縁油
		人工物	塩素化油(塩化ベンゼン,塩化ジフェニル),塩化ナフタレン,ポリブテン,シリコーン油,ポリ塩化ビフェニール(PCB)注1
気体	無機物	天然物	空気,窒素,炭酸ガス,水素
		人工物	六フッ化硫黄(SF_6)注2
	有機物	人工物	フレオン(フロン類)注2

注1:現在,法律で製造・輸入・使用が禁止され,廃棄物の保管・管理・処理が義務づけられている.
注2:温室効果ガスの一つに指定されている.
注3:温室効果ガスの一つに指定されており,いくつかのフロン類は法律で規制されている.

2・2 絶縁体（絶縁材料）

表2・4 絶縁材料の耐熱クラス

名称	許容最高温度〔℃〕	絶縁材料の種類（例）	用途別（例）
Y種	90	木綿，絹，紙などの材料で構成され，ワニス類で含浸しないもの，または油中に浸されないもの	低電圧，小型の機器絶縁
A種	105	上記の材料をワニス類で含浸したもの，または油中に浸したもの	普通の回転機，変圧器の絶縁
E種	120	エナメル線用ポリウレタン樹脂，エポキシ樹脂またはメラニン樹脂，フェノール樹脂など，セルロース充てん成形品，積層品，テレフタル酸ポリエチレンフィルム（マイラ）など	比較的大容量の機器絶縁，E種電動機（小型誘導電動機）
B種	130	マイカ，石綿，ガラス繊維などの無機材料を接着剤とともに用いたもの（有機材料が混在する場合もある）	高電圧の絶縁機器
F種	155	B種の材料をシリコーンアルキド樹脂などの接着材料とともに用いたもの	高温場所で使用する場合，とくに小型化を謀る場合，電車用モータ
H種	180	B種の材料をシリコーン樹脂または同等以上の接着材料とともに用いたもの	同上，および油を用いない高圧用機器，乾式変圧器
N種	200	生マイカ，石英，ガラス，磁器またはこれらに類似の高温度に耐えるもの	特に耐熱性，耐候性を必要とする部分の絶縁
R種	220		
—注	250		

注：250℃を超える温度は25℃ずつの区切りで増加し，それに応じて指定する．

章を参照のこと）．がいしは配電線であれば数千V，送電線であれば数十万Vもの電圧を支え，かつ長期間に亘り風雨や直射日光にさらされるため，優れた絶縁耐力だけでなく化学的安定性や加工性，さらには低価格性などの性能条件を満たす必要があり，陶器が最適である．また，がいしは単に電気的な絶縁を担うだけでなく，それ自体物理的な支持構造物の一部を形成し，電線の自重や風雪による荷重にも耐える機械的強度が要求される．

また電力ケーブルでは，わずか数cmの絶縁被覆層で数百～数十万Vもの電圧を支えなければならないが，このような条件を満たす材料は，意外にも紙・繊維や樹脂（プラスチック）である．特に近年主流となりつつある**CVケーブル**と呼ばれるケーブルには，架橋ポリエチレンという絶縁耐力や耐温度性・可塑性に非常に優れた人工樹脂（プラスチック）が用いられている．また，従来長い歴

史をもつ **OF ケーブル**と呼ばれるケーブルは，紙・木綿・絹などの固体絶縁材料に，後述の液体絶縁材料である絶縁油を含浸したもので絶縁層が構成されている（OF ケーブルおよび CV ケーブルに関しては 10 章を参照のこと）．このように，巨大で現代的な電力システムの縁の下を支えるものに，陶器や紙・繊維，樹脂など，我々にとって比較的身近な物質（すなわち大量生産でき価格が安いもの）が多く使われていることは非常に興味深い．

〔2〕**液体絶縁材料**

　液体絶縁材料は，主に**変圧器**や**遮断器**などの変電所関連機器や，上述した OF ケーブルに用いられている（変圧器や遮断器についての詳細は，11 章を参照のこと）．液体絶縁材料は一般に 50 kV/mm 程度の絶縁破壊電圧を持ち，空気の 3 kV/mm に比べその値は非常に大きい．液体絶縁物が用いられるもう一つの理由としては，単に絶縁材だけでなく，冷却媒体を兼ねることができる場合が多いからである．一般に導体に大きな電流を流すと銅損によりジュール熱が発生するため，その熱を外部に効率よく逃がさなければならない．液体絶縁材料は，液体を循環させることにより熱拡散および熱放射が容易になることから，固体材料に比べ冷却性に優れているといえる．また，その他の特性として，比誘電率の高い液体絶縁材料を用いることによって誘電体損失を低減させたり，耐アーク性を向上させたりする特徴も持つ（誘電体損失に関しては 10 章を，アーク放電に関しては 11 章を参照のこと）．ただし，液体を循環させるために付加的な装置や電源が必要であることが，固体や気体材料にはない欠点となる．また，一般に絶縁材料は可燃物である油であることから設置場所や用途によっては安全性が厳しく制限される場合もある．

　なお，液体絶縁材料としては，過去には絶縁性能が極めて高く難燃性でもある**ポリ塩化ビフェニール**（**PCB**：polychlorinated biphenyl）が変圧器などに多く使われていた．しかし，PCB は人体に対して強い毒性を持つことが明らかになり，現在では法律によって使用が禁止され，既存機器の廃棄に関しても厳しく制限が設けられている．PCB はその環境影響が指摘されるまでに極めて広く普及しており，回収と保管・無毒化に未だ多くの時間がかかるものと予想される．PCB はまさに科学技術が生み出した負の遺産の一つとも言える．現在の油絶縁変圧器は，環境負荷の低い**シリコーン油**（液状のジメチルポリシロキサン）が

もっぱら用いられている．

〔3〕気体絶縁材料

　気体も絶縁材料に用いることができる．最も一般に広範囲に用いられ，かつ無料で入手できるものとしては，空気が挙げられる．架空電線の多くが絶縁被覆のない裸電線であるが，これは大地や他の構成要素との間に絶縁物として空気が用いられていると解釈することができる．空気の抵抗率はほぼ無限大と見なすことができるが，絶縁耐力は 3.55 kV/mm と一般的な固体絶縁材料や液体絶縁材料に比べ低い値となっており，これ以上の電界強度では**コロナ放電**を引き起こす（コロナ放電に関しては，8 章を参照のこと）．

　また，水素は絶縁耐力の点では空気より劣るが，比熱および密度が大きいため，絶縁材と冷却媒体を兼ねて大容量のタービン発電機に用いられている．窒素は不燃性の不活性ガスであり，安全で絶縁油の酸化も防げるため，大容量の変圧器に用いられる．近年は，**六フッ化硫黄**（SF_6）が最も実用的な気体絶縁材料として用いられており，これを利用した**ガス絶縁変圧器**を始めとするさまざまな電力用機器が開発されている．SF_6 の特徴としては，腐食性・爆発性がなく人体に対しても無毒・無害であり，液化温度が低く低温・高圧環境でも気体状態が維持できることが挙げられる．また，アーク消弧能力に優れていることから，**ガス遮断器**（GCB），**ガス絶縁開閉装置**（GIS）として用いられ，また誘電体損失が少ないことからも**気中送電線路**（GIL）としても応用されるという幅広い応用も特徴の一つである（GCB，GIS については 10 章を，GIL については 11 章を参照のこと）．

　なお，上記の SF_6 やフレオン（いわゆるフロンガス類）のうち多くの種類は，京都議定書において CO_2 や N_2O などとともに温室効果ガスに指定されており，排出規制対象となっていることに留意すべきである．

2・3 磁性体（磁性材料）

　電力の発生は，太陽電池など特殊なデバイスを除いては一般に発電機を用いて発電する．また交流電力の輸送には変圧器が必要となる．したがって，発電機や変圧器といった電気機器[*3]を構成する主要材料の一つである**磁性体**（**磁性材**

料）も非常に重要な役割を担っている．

磁性体（磁性材料）は，常磁性体，反磁性体，強磁性体など，いくつかの種類に分類されるが[*4]，本節では電気機器に用いられる**強磁性体**について議論する．

〔1〕磁性体の物理

磁界中に置かれた物質が磁界の影響を受けて磁気的性質を持つようになることを**磁化**というが，強磁性体は磁界中で大きく磁化され非常に大きな磁束を発生するだけでなく，外部磁界を取り除いても磁束を保持する性質を持つ．

磁性体の磁束密度 B〔T〕と磁界 H〔A/m〕との関係は，真空中と同様に，

$$B = \mu H \tag{2・1}$$

と表すことができる．μ は**透磁率**と呼ばれ，磁性体の磁気的性質によって決まるものである．磁性体の透磁率は真空中の透磁率 μ_0 との比（比透磁率）で示されることがある．一般に強磁性体以外の物質の場合，μ は定数と見なして差し支えないが，強磁性体の場合，磁化の現象は複雑で，μ は定数ではない（すなわち，式(2・1)は非線形の関係となる）．

今，まったく磁化されていない強磁性体に磁界 H を与え徐々に増加させると，磁束密度 B も大きくなるが，μ が定数でないため比例的に増加せず，図 2・1 に描かれるような曲線となる．このような曲線は**磁化曲線**と呼ばれる．磁化曲線は一般に，最初緩やかに立ち上がり，途中で最も傾きが大きく急峻になったの

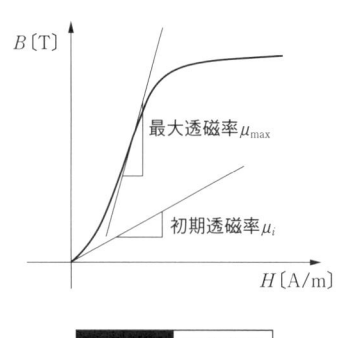

図 2・1 磁化曲線

[*3] 電気機器に関する詳細は OHM 大学テキスト『電気機器学』を参照のこと．
[*4] 磁性材料一般に関する詳細は OHM 大学テキスト『電気電子材料』を参照のこと．

ち，ある点でこれ以上大きくならない**磁気飽和現象**を見せる．なお，図2・1のような磁界と磁束密度の関係を図示した曲線を **B-H 曲線**と呼ぶ．

また，磁界 H を与え一旦磁束密度 B が飽和した状態の強磁性体に，与える磁界を弱めて行くと，B-H 曲線上で今までの磁化曲線とは異なる道筋を辿って減少する現象が見られる．さらに磁界の向きが周期的に反転する**交番磁界**では磁界が増減するたびに B-H 曲線上の異なる道筋を辿って磁束密度が増減する現象が見られるが，このような現象は一般に**ヒステリシス（履歴）現象**と呼ばれ，その曲線は**ヒステリシスループ**と名付けられている．図2・2 に強磁性体の模式的なヒステリシスループを示す．

この磁気飽和現象とヒステリシス現象が起こるメカニズムとしては，強磁性体が微小な磁区からできており，この磁区同士の相互作用によって磁化の強さが段階的に変化するためであると説明できる．すなわち，まったく磁化されていないときは隣り合う磁区の向きがばらばらで，その状態を維持しようとする性質があるが，磁界 H を大きくし続けるとその均衡が破れて急速に磁区の向きがそろい始め磁化が進展するため磁束密度が急速に大きくなる．さらに磁界 H を大きくすると，すべての磁区が磁界と同方向に磁化されてしまい，それ以上磁束密度 B も増加せず，飽和する[*5]．

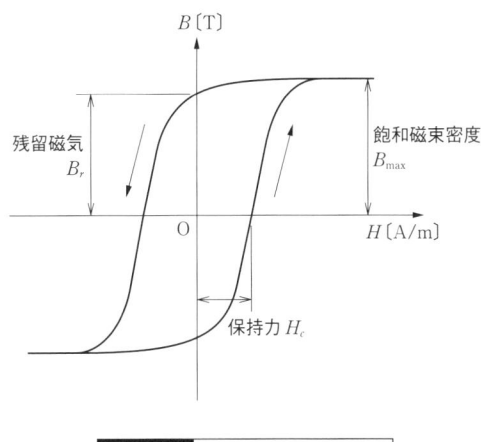

図2・2 ヒステリシスループ

[*5] 磁化の飽和現象についての詳しい理論は，OHM 大学テキスト『固体物性工学』を参照のこと．

この磁化曲線とヒステリシスループには特徴的なパラメータがあり，それぞれ強磁性体の磁気的性質を表す指標となっている．図2・1の磁化曲線において，磁界が極めて小さいときの透磁率を**初期透磁率**μ_iといい，傾きが最大となるときの透磁率を**最大透磁率**μ_{max}という．弱電用に用いる装置では特に初期透磁率が問題になる場合が多く，最大透磁率は後述する鉄心材料の性能を表す指標となる．また，図2・2のヒステリシスループにおいては，磁束密度が飽和した値B_{max}を**最大磁束密度**または**飽和磁束密度**と呼び，磁界Hが0になったときに残る磁束密度B_rを**残留磁気**，磁束密度Bが0になったときに保持している磁界H_cを**保持力**という．この残留磁気および保持力は，後述の永久磁石の性能を表す指標となる．

ところで，B-H曲線内のヒステリシスループを1周するとき，ヒステリシスループで囲まれた面積は磁束密度Bに対する磁界Hの周回積分で表すことができる．したがって，この磁界の変化が周期f〔Hz〕で変化する交番磁界である場合，単位体積当たりの強磁性体が消費する電力は，

$$P = f w_h = f \times \int H dB \text{〔W/m}^3\text{〕} \tag{2・2}$$

で表される．強磁性体が消費する電力は，これを用いた機器の立場から見ると損失にほかならない．したがって，これは**ヒステリシス損**と名付けられている．

また，交番磁界中では，磁性体内部に通過する磁束の変化により，磁束の周囲に起電力が誘導され電流が発生する．この電流は渦電流と呼ばれ，ジュール熱を発生する．この損失は**渦電流損**と呼ばれる．ヒステリシス損と渦電流損の和は**鉄損**と呼ばれる．

上記のような最大透磁率や保持力といった物理的パラメータにより，強磁性体は**軟磁性体**と**強磁性体**に分類され，その性質により用途も異なってくる．

〔2〕軟磁性体

軟磁性体は，強磁性体のうち最大透磁率や飽和磁束密度が大きく，保持力が小さいという特徴を持つものである．このような特性を持つということは，すなわち図2・3(a)に示すように，面積が極めて小さい「細身の」ヒステリシスループを持つことを意味する．ヒステリシスループの面積が小さいということは，ヒステリシス損も小さいということにあり，すなわち交番磁界中で用いても鉄損

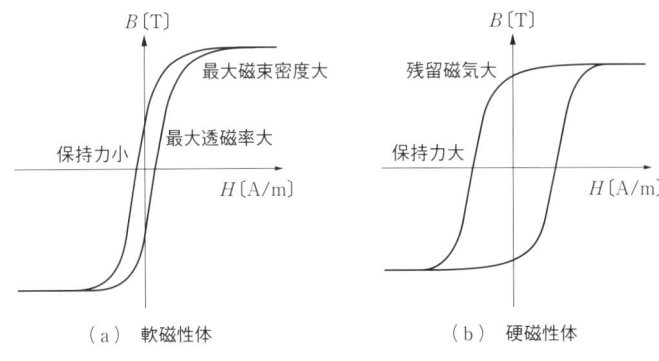

図2・3 軟磁性体と硬磁性体の特徴

が小さいというメリットを有していることを示している.

このような軟磁性体の代表例が変圧器や回転機の**鉄心**に最も多く用いられる**電磁鋼**である(**電磁軟鉄,ケイ素鋼**と呼ばれる).これは鉄に数%程度のケイ素(Si)を添加したものであり,一般的な鋼(鉄に数%の炭素を添加)に比べ鉄損を大きく低減させることが可能となる.電磁鋼はその用途によってさらに以下のような2種類に分類される.

- 無方向性ケイ素鋼:結晶方向を等方向に配列し,特定の方向によって磁化しないようにしたケイ素鋼.主に回転機の鉄心に用いられる.
- 方向性ケイ素鋼:特定の方向のみ磁化しやすくなるよう結晶を配列したケイ素鋼.主に変圧器に用いられる.

他の鉄心材料としては,**パーマロイ**(鉄ニッケル合金),**フェライト**(酸化鉄を主成分とするセラミックス),**アモルファス鉄心**(非晶質合金)などが挙げられる.特にフェライト鉄心は小型・高周波用の変圧器・回転機に用いられ,アモルファス鉄心は近年,環境負荷低減の考え方から,低鉄損鉄心材料として電力用変圧器への応用が注目されている.

〔3〕硬磁性体

硬磁性体は,保持力および残留磁気が大きい特徴を持つ強磁性体であり,図2・3(b)に示す通り,面積の大きい「太めの」ヒステリシスループの形状となる.硬磁性体の代表例は**永久磁石**である.永久磁石は一度高い電界を与えると

(**着磁**という），その高い保持力により，外部磁界を取り除いても大きな磁束密度を維持し続ける能力をもつのが特徴である．一般に永久磁石は交番磁界環境下で用いることはないので，ヒステリシス損の大きさはデメリットとはならない．

永久磁石の代表的な種類としては，**フェライト磁石**，**アルニコ磁石**，ネオジウムなどに代表される**希土類磁石**などが挙げられる．フェライト磁石は保持力が大きい反面残留磁気が比較的小さく，価格が低廉で広く用いられている．アルニコ磁石はアルミニウム・ニッケル・コバルトを主な原料として鋳造された磁石であり，残留磁気が大きいものの保持力が比較的小さいという弱点も有している．アルニコ磁石は現在比較的小形のモータやセンサ，音響装置に用いられている．希土類磁石は残留磁気・保持力ともに大きいため，機器の小型化や高磁束化に有利である一方，価格が高価であり材料の調達が国際情勢などに大きく影響されるという欠点も指摘されている．電力用機器への応用としては，希土類磁石を用いた永久磁石方式同期発電機が近年，風力発電に用いられるようになっている（風力発電に関しては6章を参照のこと）．

演習問題

1 電力線用線材として近年アルミニウムが多く用いられている理由は2・1節に概説した通りであるが，実際の産業界での開発や学術研究の動向を詳しく調査せよ．調査にあたっては，宣伝色の濃い企業の記事や参考文献が不明瞭な無記名記事は避け，具体的な参考文献を挙げながらできるだけ客観性の保たれた最新の情報を調査すること．

2 陶器（セラミックス），架橋ポリエチレン，シリコーン油，六フッ化硫黄（SF_6）などの代表的な絶縁材料について，実際の開発例や応用例を調査せよ．

3 式(2·2)において，右辺（磁界 H〔A/m〕を磁束密度 B〔T〕で周回積分して得られるヒステリシスループの面積 w_h と周波数の積）および左辺を MASK 単位系で次元解析し，両辺の単位が〔W/m^3〕で一致すること示せ．

4 ケイ素鋼，アモルファル鉄心，希土類磁石などの磁性材料について，特に電力用機器への応用に焦点を絞って，実際の開発例や応用例を調査せよ．

3章 火力発電

本章では，火力発電の基礎となる熱力学と火力発電の種類や設備を知り，火力発電の仕組みについて理解することを目的とする．すなわち，熱力学の基礎に続いて，火力発電で使われているボイラーやタービンなどさまざまな設備，環境対策や熱効率について述べる．最後に，ガスタービン発電やコンバインドサイクル発電なども紹介する．

3・1 熱サイクル

〔1〕 熱力学の基礎

火力発電所では，燃料を熱に変えて原動機を使って機械エネルギーに変え，それを発電機で電気エネルギーに変える．そこで本節ではまず熱について述べる．

熱量の単位である 1 cal とは，1 気圧（101 325 Pa，ただし $1 Pa = 1 N/m^2$）の下で 1 g の水の温度を 1℃ 上げるのに必要な熱量を指す．

温度が高いとは物質中の分子運動が激しいことであり，したがって熱量は他のエネルギー形態への変換が可能である．すなわち，熱を仕事に変えることも，また逆に仕事を熱に変えることもできる．この考え方に沿って，エネルギー保存の法則を熱にまで拡張したものが，**熱力学の第一法則**である．熱量を Q〔cal〕，仕事を W〔J〕とすると，次の関係が成立し，これを熱力学の第一法則という．

$$W = JQ \tag{3・1}$$

ここで，J を熱の仕事当量といい，$J = 4.1855$ J/cal である．したがって，1 Wh は 3 600 J（1 J = 1 W·s）なので，1 Wh = 860 cal である．

物体がもつ運動エネルギーと位置エネルギーの和を外部エネルギーという．それに対し，物体が内部にもつエネルギーのことを内部エネルギーという．熱力学の第一法則により，物体が外部から ΔQ〔J〕の熱量を受取り，外部に ΔW〔J〕の仕事をしたとすれば，内部エネルギーが ΔU〔J〕増加する．すなわち，

$$\Delta U = \Delta Q - \Delta W = \Delta Q - P \Delta V \tag{3・2}$$

ただし，P〔N/m²〕は圧力，ΔV〔m³〕は容積の変化である．この内部エネルギー U〔J〕を使って，**エンタルピー**（enthalpy）H〔J〕を式(3・3)で定義する．

$$H = U + PV \tag{3・3}$$

圧力一定の下で加えた熱量 ΔQ〔J〕は，物体のエンタルピーの増加 ΔH〔J〕に等しい．

ボイル・シャルルの法則から，T〔K〕を絶対温度とすると，気体の状態変化は

$$PV/T = 一定 \tag{3・4}$$

である．この一定値を気体定数といい，1 mol 当たり 8.314 J/K である．式(3・4)より，圧力 P を一定として外部から熱を加えると体積 V は絶対温度 T に比例する．これを等圧変化という．また，絶対温度 T を一定として外部から圧力や熱量を加える等温変化では，内部エネルギー U は変化しない．外部からの熱の出入りを断って気体が膨張または圧縮する変化を断熱変化という．

また，**エントロピー**（entropy）S〔J/K〕を式(3・5)で定義する．

$$\Delta S = \Delta Q / T \tag{3・5}$$

エントロピーは，可逆機関において一定な量として定義されたものである．断熱変化ではエントロピーは不変であるが，等温変化ではエントロピーは変化する．

熱は高温の物体から低温の物体には移動できるが，低温の物体から高温の物体に移動できない不可逆過程である．これを**熱力学の第二法則**という．熱機関は，高温の物体から熱を受け取りその一部を仕事に変換し，その結果エントロピーは増大する．

〔2〕熱サイクル

一つの状態からある状態に変化し，再び元の状態に戻る変化をサイクルという．

最初に，理想的な可逆サイクルである**カルノーサイクル**（Carnot cycle）を説明する．カルノーサイクルは，**図3・1**に示すように，絶対温度 T とエントロピー S 平面上で，温度 T_1 で熱量 Q_1 を受け取る等温変化（膨張）をした後，温度を T_1 から T_2 に変化させる断熱膨張を行う．その後，熱量 Q_2 を放出する等温

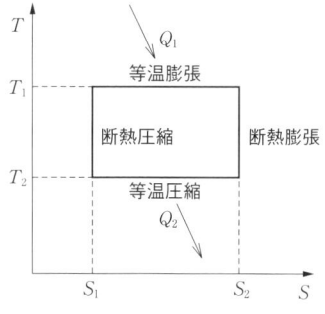

図 3・1 カルノーサイクル

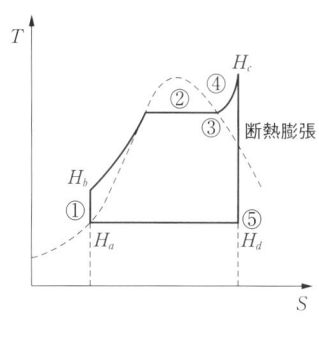

図 3・2 ランキンサイクル

変化(圧縮)を経て,断熱圧縮により元の温度 T_1 に戻る.カルノーサイクルは,等温変化と断熱変化が二つずつ組み合わさったサイクルであるが,このうち,等温膨張と断熱圧縮の実現は困難である.しかし,熱効率 η_c は,

$$\eta_c = 1 - \frac{T_2}{T_1} \tag{3・6}$$

であり,熱サイクルで最も効率が高い.

ランキンサイクル(Rankine cycle)は,等圧変化と断熱変化が二つずつ組み合わさったサイクルであり,水から蒸気への状態変化を含む.図 3・2 に示すように,ボイラーへ送り込まれた水は断熱圧縮される(①)が,すぐに等圧変化

の過程に入り,熱を得て飽和水(水が沸騰する状態)(②),乾き飽和蒸気(③)から過熱蒸気(④)となる.その後タービンで断熱膨張して仕事をし,蒸気は圧力・温度ともに下がり,湿り飽和蒸気(⑤)となる.この湿り飽和蒸気は復水器で放熱して元の状態に戻る.与えられた全熱量はこのサイクルの上側の曲線と横軸で囲まれる面積 AW,復水器で放出される熱量はこのサイクルの下側の直線と横軸で囲まれる面積 UW であるので,熱効率 η_c は,

$$\eta_c = \frac{(AW-UW)}{AW} = \frac{(H_c-H_b)-(H_d-H_a)}{(H_c-H_b)} \approx \frac{(H_c-H_d)}{(H_c-H_a)} \quad (3\cdot7)$$

となる.ただし,H_a,H_b,H_c,H_d は図3·2に示す各点でのエンタルピーを表し,H_b-H_a が小さいため,式(3·7)に示す近似が可能である.

ランキンサイクルでは,復水器で放熱する熱量が多く,効率が悪い.そこで,

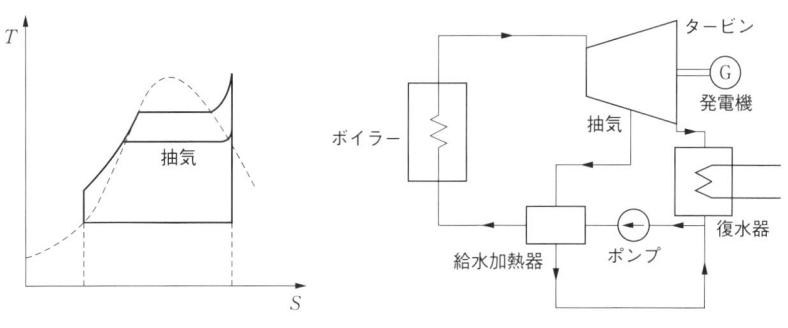

図3·3 再生サイクル

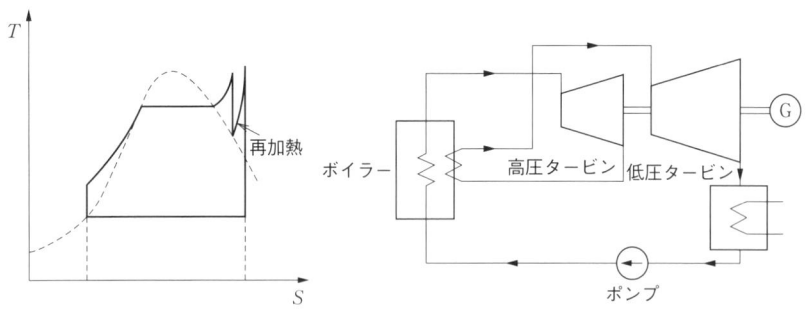

図3·4 再熱サイクル

図 3·3 に示すように，蒸気の一部を膨張過程でタービン外へ抽出（抽気）し給水の加熱に用いることで蒸発熱を回収する．これを**再生サイクル**（regenerative cycle）という．効率の向上効果は，抽出する蒸気の割合，位置および回数で決まる．また，通常過熱蒸気をタービンに導くが，膨張過程で温度が低下するとともに，飽和蒸気，さらには湿り蒸気になる．湿り蒸気は摩擦が増加するとともにタービンの腐食の原因ともなるので，図 3·4 に示すように，膨張過程で再度加熱してからタービンに戻して残りの膨張過程を行うと，効率も向上しタービンの腐食も防げる．これを**再熱サイクル**（reheat cycle）という．これら再生サイクルと再熱サイクルは組み合わせて用いられることが多く，**再熱再生サイクル**と呼ばれている．

3·2 火力発電のしくみ

〔1〕燃料の種類

火力発電には，石炭，石油，天然ガスなどが燃料として用いられる．

石炭は資源としては比較的豊富で供給も安定している．しかし，炭化の度合いで石炭の性質が異なることに加え，広い貯炭場，石炭を粉砕混合する設備，燃焼後に灰分が溶融したフライアッシュが生成されるために灰処理設備や集じん機を必要とし，広い発電所用地が必要で，発電所内で使用する動力も比較的大きい．

石油は主に C 重油または原油が用いられる．C 重油は原油からガソリンや灯油などを精製した残さ油が 90% 以上含まれる粘度の高い油である．原油に比べると引火点が高く，着火させるには温度を高めたり圧力を加えたりする必要がある．一方，原油には揮発性の高い成分も含まれているため，引火点も低く粘度も低い．我が国は原油資源の多くを中近東地域に頼るため，供給に不安定さが残る．

天然ガスの主成分はメタンである．天然ガスの沸点は約 −160℃ で，それ以下の低温で液化させて体積を約 1/600 にした液化天然ガス（**LNG**：Liquefied Natural Gas）の形で輸入される．石炭や石油に比べ発火点が低く燃焼制御も容易で，液化の際に硫黄分などの不純物が除去される．天然ガスはロシア，中近東の埋蔵量が多いが，我が国は主に中近東や東南アジア，オーストラリアから輸入している．また，最近では，北米で産出が増えているシェールガスを液化して輸入しよ

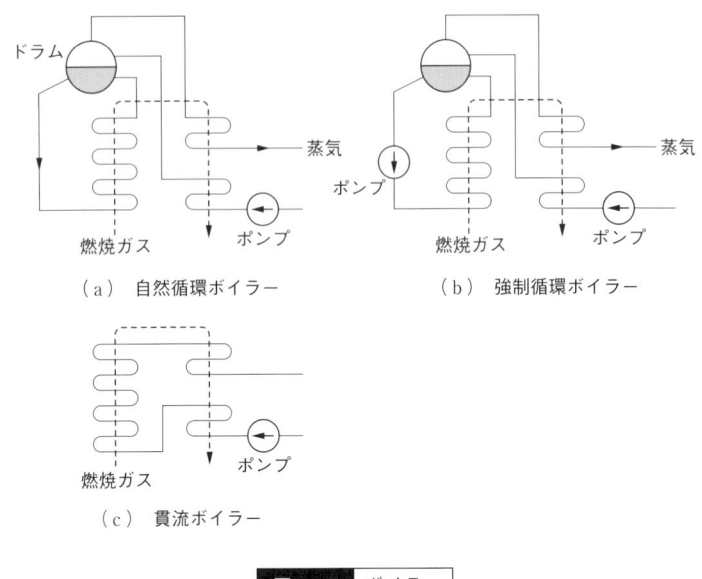

図3・5 ボイラー

うという動きもある．

〔2〕ボイラー

ボイラーで燃料を燃焼させ，発生した熱で水を蒸気に変える．ボイラー水の循環方法から，自然循環ボイラー，強制循環ボイラー，貫流ボイラーの3種類がある．それぞれを図3・5に示す．自然循環ボイラーでは，下降管と蒸発管内の水の密度差で循環させる．蒸気圧が高くなると密度差が減り循環しにくくなるので，ポンプを設けたものが強制循環ボイラーである．発生した蒸気は水とともにドラムに入り，蒸気はボイラーの外へ取り出される．蒸気圧が臨界圧力（22.1 MPa）以上になるとドラムで汽水分離できないため，ボイラーを通り抜ける間に熱交換し過熱蒸気を生成する貫流ボイラーが用いられる．

蒸気圧力で区分すると，臨界圧以下のものを亜臨界圧ボイラー，臨界圧を越えるものを超臨界圧ボイラーという．

〔3〕タービン

タービンは，蒸気の熱エネルギーを動翼に当てることで回転力を生み出すもの

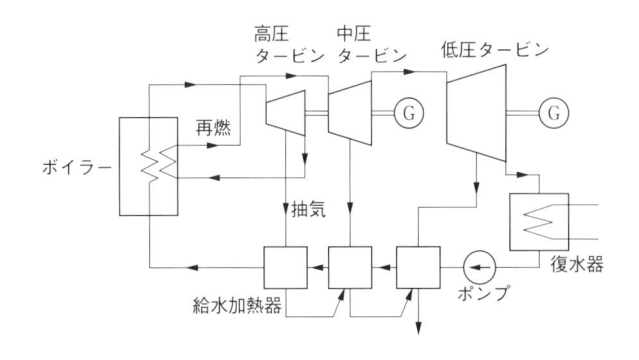

図3・6 再熱再生サイクルの蒸気の流れ

である．現在，25 MPa，600℃程度の蒸気まで利用されている．

タービンは，蒸気の作用のしかたで，衝動タービン（impulse turbine）と反動タービン（reaction turbine）の二つに分けられる．衝動タービンは，ノズル内で膨張し高速度で吹き出される蒸気が動翼に当たり，その力で回転するものである．一方，反動タービンは，静翼（固定羽根）と動翼の双方で蒸気が膨張し，動翼から吹き出る蒸気の反動力で回転する．タービンは高温・高圧の蒸気にさらされ，回転速度も速いことから，材質に注意を要するとともに，回転軸の曲がりや重量のバランスを取って振動を防ぐことが必要である．

図3・6に，再熱再生タービンの蒸気系統図の例を示す．高圧タービンで仕事をした蒸気を再びボイラーへ導いて再熱後に中圧タービンへ送る再熱サイクルと，高圧，中圧，低圧の各タービンから抽気し給水加熱器に導く再生サイクルの両方が備えられている．

〔4〕復水設備

復水設備により，蒸気を凝縮させて水に戻すことで蒸気タービンの排気圧を下げて効率を上げ，また，それをボイラーへの給水として再利用できるようにする．その主な設備である**復水器**（condenser）内で，タービンからの排気を冷却凝縮すると体積が極端に小さくなり真空に近くなる（4〜7 kPa程度）ので，タービンの効率を向上させることができる．一般的な復水器では，蒸気が内部にある多数の冷却管を通ることで，伝熱により熱交換する．冷却水には海水が用い

られることが多い．

　復水器に溜まった水は復水ポンプで吸い出して，**給水加熱器**（feed water heater）に送り込む．給水加熱器では，給水をタービンからの蒸気などで加熱し熱効率を上げる．その一部は脱気器として，給水に発生蒸気を噴射して直接加熱することで溶存酸素を除去し，ボイラーや配管の腐食を防止する．そして，給水ポンプ（feed water pump）でボイラーに水を送り込む．

〔5〕タービン発電機

　タービン発電機は，蒸気タービンまたはガスタービンで駆動される三相同期発電機である．これらのタービンは高速回転の方が高効率であるため，一般に火力発電では2極機（50 Hzで3 000 rpm，60 Hzで3 600 rpm）が用いられる．また，大容量機では，蒸気タービンを高圧側のプライマリー機と低圧側のセカンダリー機とに分ける**クロスコンパウンド方式**が採用されることもあり，その場合は，プライマリー機が2極機，セカンダリー機が2極機または4極機である．

　固定子側の巻線はY結線の三相巻線（電機子巻線，armature winding）で，回転子側の巻線は円筒形で直流の励磁巻線（field winding）である．以前は同軸の直流発電機で直流の励磁電流を得ていたが，保守の容易さから，同軸の交流発電機出力を整流器で直流に変える**ブラシレス励磁方式**や，発電機主回路など交流電源からサイリスタを使って直流に整流する**サイリスタ励磁方式**が用いられている．発電機の端子電圧は20 kV位であるので，発電機用変圧器で昇圧する．

　導体中の抵抗損等による発熱からタービン発電機の温度上昇を抑える必要がある．媒体によって，空気による空気冷却方式，水素ガスによる**水素冷却方式**，水や油による液体冷却方式に分けられる．大容量のタービン発電機は軸方向に長く，発熱も大きいことから，水素ガスを用いることが多い．しかし，水素は爆発の危険性があるため，水素純度を常に爆発限界を越えた90%以上に保つ必要がある．

　さらに大量の熱を導体から取り除く必要がある大容量機では，導体外部から絶縁体を通して冷却する間接冷却方式では限界があるため，導体内部に冷却ダクトを設けて水素ガス等冷却媒体を流す直接冷却方式が採用される．

〔6〕 環境対策

火力発電による環境への影響としては，大気，水質，騒音などが考えられるが，ここでは大気の保全について述べる．

硫黄酸化物（SO_x，主にSO_2）の除去には，我が国では，石灰石を吸着材とし石こうを生成物として回収する石灰石―石こう法が一般的である．また，窒素酸化物（NO_x，主にNO）については，燃焼温度や酸素濃度を下げて燃焼しNO_xの発生を減らすとともに，発生したNO_xはアンモニアを注入して窒素と水に分解するアンモニア接触還元法で除去する．

燃料中に灰分を含む石炭などを燃料とする場合，ばいじん対策が必要である．コロナ放電で排ガス中のばいじんを帯電させ，クーロン力により集じん電極に集める電気集じん機が一般に用いられている．

3・3 火力発電所の効率

発電端熱効率とは，ボイラーで消費した燃料の熱量と発電機出力に相当する熱量との比をいう．発電端熱効率 η_P は，

$$\eta_P = \frac{860 P_G}{BH} \tag{3・8}$$

ただし，P_G〔kW〕は発電機出力，B〔kg/h〕は燃料消費量，H〔kcal/kg〕は燃料発熱量である．現在，従来方式の超臨界圧ボイラーによる発電で42〜43％程度，後述するガスコンバインド発電では60％弱程度の発電端熱効率を達成している．

また，消費燃料の熱量と発電機出力から所内動力を差し引いた送電端出力に相当する熱量との比を送電端熱効率という．すなわち，P_L〔kW〕を所内動力とすると，送電端熱効率 η_S は，

$$\eta_S = \frac{860 P_G}{BH}\left(1 - \frac{P_L}{P_G}\right) = \eta_p\left(1 - \frac{P_L}{P_G}\right) \tag{3・9}$$

ボイラーでは，排ガス内の熱，燃料の燃え残り，炉壁からの伝熱や放射により熱損失が発生する．ボイラー室効率 η_B は，ボイラーの出力と入力に相当する熱量の比で表される．また，タービンでは，復水器で冷却水に取り去られる熱，タービンの機械的損失，蒸気の漏れ，ノズルなどと蒸気の摩擦損などが発生する．

タービン室効率 η_T は，タービンの軸出力に相当する熱量とボイラー室から送られた熱量の比で表される．発電機では，風損や軸受けなどの機械損，鉄心での鉄損や導体での銅損が発生する．発電機効率 η_G は，発電機への機械的入力と電気的出力に相当する熱量の比で表される．発電端熱効率 η_P と，ボイラー室効率 η_B，タービン室効率 η_T，発電機効率 η_G の間には，式(3・10)が成立する．

$$\eta_P = \eta_B \eta_T \eta_G \tag{3・10}$$

単位電力量当たりの消費熱量を熱消費量〔kcal/kWh〕，同じく燃料使用量を燃料消費率〔kg/kWh〕，蒸気の使用量を蒸気消費率〔kg/kWh〕といい，次式で表される．

$$熱消費量 = \frac{BH}{P_G} = \frac{860}{\eta_P} \tag{3・11}$$

$$燃料消費量 = \frac{B}{P_G} = \frac{860}{H\eta_P} \tag{3・12}$$

$$蒸気消費量 = \frac{Z}{P_G} \tag{3・13}$$

ただし，Z〔kg/h〕は発生蒸気量である．

例題3・1

ある石炭火力発電所では400 MW の発電機出力を得るために，7 500 kcal/kg の発熱量をもつ亜瀝青炭を毎時115 t 消費する．この発電所の発電端熱効率を求めなさい．また，所内動力として12 000 kW 消費するとすれば，送電端熱効率はいくらになるか求めなさい．

■答え

式(3・8)より，発電端熱効率 η_P は，

$$\eta_P = \frac{860 P_G}{BH} = \frac{860 \times 400 \times 10^3}{115 \times 10^3 \times 7\,500} = 0.399 = 39.9\%$$

送電端熱効率 η_S は，式(3・9)より，

$$\eta_S = \eta_P \left(1 - \frac{P_L}{P_G}\right) = 39.9\% \times \left(1 - \frac{12\,000}{400 \times 10^3}\right) = 38.7\%$$

3・4 さまざまな火力発電

〔1〕 ガスタービン発電

図3・7に，ガスタービン発電の概略を示す．ガスタービンで駆動される空気圧縮機で圧縮された空気が燃焼器に入る．燃料が圧縮空気中で燃焼し，発生した高温・高圧の燃焼ガスがガスタービン内で膨張し，回転エネルギーを得る．得られた回転エネルギーの約半分は空気圧縮機に使われ，残りの約半分で発電する．

ガスタービン内での圧力低下は 1.3 MPa 程度であり，蒸気タービンに比べ一桁小さく，ガスのエンタルピーは小さいことから，流量を多くとる必要がある．さらに，燃焼後の温度は約 2 000℃ であり，タービン動翼・静翼の耐高温特性と冷却技術が重要である．現在，タービン入口温度は最高で 1 500℃ である．

ガスタービンは，比較的小型・軽量であり，400 MW 級の大出力機もあり，冷却水も不要で，短期間での据え付けが可能である．しかし，得られる動力の半分が圧縮機に使われること，入口温度が 1 500℃ 程度の場合排ガス温度は 600℃ 位もあり，まだ十分熱源として利用できる高温である．

〔2〕 コンバインドサイクル発電

コンバインドサイクル発電とは，まずガスタービンで発電し，その排ガスで蒸気を発生し蒸気タービンで発電することで，効率向上を図る．また，起動時間が短く速い負荷変化にも対応できる特徴をもつ．ガスタービンの排ガスからの熱回収としては，排気中に残る酸素をボイラー燃焼用空気として利用する排気再燃方式，廃熱回収ボイラーで熱を回収する廃熱回収方式などがある．排気再燃方式は，既設のボイラーにガスタービン設備を追加することで，既設の発電設備の効

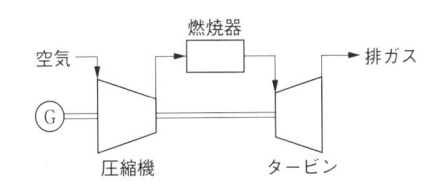

図3・7 ガスタービン

率向上と出力増加を図ることができる．廃熱回収方式は，排ガスを排熱ボイラーへ導いて熱交換により生成した蒸気を蒸気タービンへ送り発電する．ガスタービンの入口温度が高くなったことで実用化された方式であり，現在の主流となっている．

〔3〕ディーゼル発電

ディーゼルエンジン，ガソリンエンジンのように，機関内部で燃料を燃焼させ発生した高圧燃焼ガスが膨張することで直接機関を駆動するものを内燃機関という．ディーゼルエンジンは，他の内燃機関に比べ熱効率が高く始動も良い．

ディーゼルエンジンに直結された発電機で発電するものをディーゼル発電といい，主に離島の発電所や工場の自家用電源，非常用電源などに使われている．

〔4〕地熱発電

地中深さ数kmのマグマ溜りの熱は地表から浸透した水を熱し，地熱貯留層を形成する．ここから取り出した熱でタービンを回し発電するものを地熱発電という．

地中からの熱の取出し方としては，天然蒸気をそのまま利用したり，熱水をフラッシュタンクで減圧蒸発させ蒸気に変えて利用したりする直接式と，天然蒸気や熱水から熱交換で他の作動流体に変えて利用するバイナリーサイクル発電（間接式）とがある．現在，我が国には主に東北地方と九州地方に，合計で約533MWの地熱発電がある．地熱貯留層が形成される地点は限られ，しかもそれらの多くは温泉や火山帯近くの景観の優れた地点でもあることから，景観保護との兼ね合いが難しい．しかし，有望な国産エネルギーでもあることから，国立公園内などへの建設も可能となるよう規制緩和も進められつつある．

演習問題

1 以下の文中の空白箇所（ア）〜（オ）にふさわしいものを，下記の語句群から選びなさい．（平成24年電験三種．解答方法を改変）

汽力発電所のタービン発電機は，水車発電機に比べ回転速度が （ア） なるため， （イ） 強度を要求されることから，回転子の構造は （ウ） にし，水車発

機よりも直径を （エ） しなければならない．このため，水車発電機と同出力を得るためには軸方向に （オ） することが必要となる．

(語句群)
　長く，短く，高く，低く，速く，遅く，熱的，機械的，突極形，円筒形

2 図3・8は，火力発電所の蒸気と水の流れを表した模式図である．給水はポンプで圧送され，ボイラーで熱せられて蒸気となり，タービンに導かれ仕事をして水へ戻る．タービン入口の蒸気のエンタルピーが3 800 kJ/kg，タービン出口の蒸気のエンタルピーが2 360 kJ/kg，ポンプ入口の給水のエンタルピーが150 kJ/kgとすると，このときのランキンサイクルの効率を求めなさい．

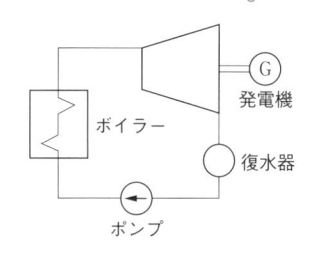

図3・8

3 火力発電所で行われている環境対策について説明しなさい．

4 発電出力70万kW，送電端熱効率40%のガス火力発電所が定格出力を得るのに，燃料の天然ガスを毎時何kg消費するか求めなさい．ただし，天然ガスの発熱量を13 300 kcal/kgとし，所内動力は定格出力の2.5%とする．

5 以下の文中の空白箇所（ア）～（ク）に適切な語句を入れなさい．
　ガスタービンは，圧縮機で高圧の空気を生成し，燃焼器に燃料とともに投入し，燃焼させることで （ア） ・高圧の燃焼ガスを発生し， （イ） で膨張させて回転エネルギーを得る．このエネルギーの内，約 （ウ） は圧縮機の駆動に消費され，残りが （エ） の駆動に使われる．ガスタービンの排ガスは高温であり，その熱を回収し利用することで効率が上がる．そのような発電方式を （オ） 発電という．その中でも現在電気事業では主流である （カ） 方式は，燃焼温度が高温になり排ガス温度も上がったことで実用化が可能となった方式で，排ガスを （カ） ボイラーに導き，蒸気を発生させてタービンで発電する． （オ） 発電の特徴は，効率が高く， （キ） が短く， （ク） が少ないことである．

4章 原子力発電

　本章では，核反応など核物理の基礎と原子力発電の種類や設備，仕組みについて理解することを目的とする．すなわち，原子核の結合エネルギーと質量欠損，核分裂反応や臨界状態など核物理の基礎について学んだ後，熱中性子原子炉の構造を説明する．次いで，代表的な原子炉の構造である加圧水型軽水炉と沸騰水型軽水炉について述べ，安全対策や核燃料サイクルについて述べる．最後に，新型転換炉，高速増殖炉などの新しい原子炉を紹介する．

4・1 核反応

〔1〕核物理の基礎

　原子核は，正の電荷をもった陽子（proton）と電荷をもたない中性子（neutron）から構成されている．それぞれの粒子が結合し原子核を構成するとき，その原子核の質量は，個々の粒子が単独で存在しているときの質量の総和よりも小さい．これを**質量欠損**（mass defect）という．アインシュタイン（Albert Einstein）は，相対性原理から質量とエネルギーは同等であると考え，式(4・1)を導いている．

$$E = mc^2 \qquad (4\cdot1)$$

ここで，E〔J〕はエネルギー，m〔kg〕は質量，c〔m/s〕は光の速さで3×10^8 m/sである．質量欠損に相当するエネルギーは結合エネルギー（binding energy）と呼ばれ，個々の粒子が結合して安定な原子核を作るのに必要なエネルギーである．

　原子核に粒子が入射され，違う原子核に変化することを核反応という．原子の核反応には，**核融合**（nuclear fusion）と**核分裂**（nuclear fission）とがある．核融合は，水素などの軽い原子核が結合し一つの大きい原子核となる現象であり，核分裂は，ウランなどの重い原子核が低いエネルギーの中性子を吸収してほ

ぼ同じ質量をもつ二つの原子核に分裂する現象である．陽子の数と中性子の数の和である質量数が60程度の原子核の結合エネルギーが最も小さい．したがって，核融合，核分裂ともに，核反応後の原子核がもつ結合エネルギーが，核反応前の原子核がもつ結合エネルギーよりも小さいため，そのエネルギー差が放出される．

原子力発電で利用されている質量数235，陽子92個のウラン（^{235}U）の核分裂は，^{235}U に中性子 n が一つ入射され，

$$^{235}_{92}\text{U} + \text{n} \rightarrow ^{94}_{56}\text{Sr} + ^{140}_{38}\text{Xe} + 2\text{n} \tag{4・2}$$

と，ストロンチウム（^{94}Sr）とキセノン（^{140}Xe）に分裂し，2個の中性子を放出する．このとき質量欠損が起こり，約 200 MeV（3.2×10^{-11} J，1 eV = 1.602×10^{-19} J）のエネルギーを放出する．

核分裂により平均 2 MeV と非常に高いエネルギーをもつ新たな中性子（高速中性子）が生成される．高速中性子は，原子核と衝突するうちにエネルギーを失い，周囲の原子や分子と熱平衡にある低いエネルギー状態（0.025 eV）となる．このような中性子を**熱中性子**と呼び，^{235}U と核反応を生じやすい．一つの核分裂反応から生じた一つの熱中性子が次の核分裂を起こすことで，連鎖的な核分裂が続くことになる．^{235}U の核分裂では2個の中性子が発生するが，原子燃料以外の物質にも吸収される．よって，連鎖的な核分裂が起こり原子炉の出力を一定に保つためには，原子炉内の中性子密度が一定となる**臨界状態**に保つ必要がある．

〔2〕**熱中性子炉の構造**

本節では，熱中性子を核分裂に利用する**熱中性子炉**（thermal reactor）の構造について説明する．

原子炉のおおまかな構造を図 4・1 に示す．原子炉には，核分裂を起こしエネルギーと高速中性子を放出する核燃料，高速中性子からエネルギーを奪い熱中性子にする**減速材**（moderator），核分裂によって発生した中性子の数を制御する**制御材**（control rod）がある．そして，発生した熱を外部に取り出す**冷却材**（coolant）をその周りに流す．それらの周りを**反射体**（reflector）で覆い，さらにその周りを**遮へい材**で囲む．周辺部の中性子は炉心に比べ少なくなるが，中性子を散乱する反射体を置いて中性子の分布を平均化する．遮へい材は，原子炉

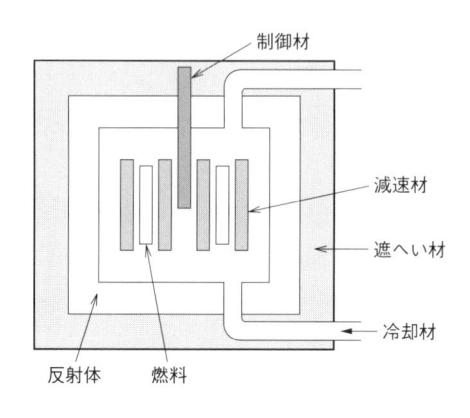

図4・1 原子炉の概略図

から放射線が外部に漏れるのを防ぐ.

炉心（reactor core）とは,燃料集合体,制御棒,減速材が内蔵されている部分のことをいい,炉心を格納し冷却水が循環する容器のことを**圧力容器**（pressured vessel）という.さらに**格納容器**（container）に,圧力容器やポンプも含めた冷却系全体を収納する.

核分裂物質である ^{235}U は,天然ウラン中にはわずか 0.7% しか含まれず,99.3% は ^{238}U である.現在一般に用いられている軽水炉では,^{235}U を 2～3% 程度に濃縮した濃縮ウランを二酸化ウラン UO_2 として粉末にしたものをペレットに焼き固めて核燃料とする.^{238}U は中性子を吸収すると,核燃料として用いることができるプルトニウム（^{239}Pu）となる.

ジルコニウム合金などの燃料被覆管内に核燃料のペレットを装填したものを燃料棒という.取り扱いが容易なように,複数の燃料棒を支持材で組み合わせ,制御棒や冷却材の通路を確保したものを燃料集合体という.被覆管などの材質には,冷却材に対する耐食性に優れ,使用温度下で十分な強度と延びをもち,燃料と反応せず,熱伝導率に優れ,放射線にも強いことが要求される.

減速材には,軽水（H_2O）,水素の同位体である重水素 ^2H からなる重水（^2H_2O,D_2O と表記する）,黒鉛（C）,ベリリウム（Be）などが用いられる.現在の商用炉である軽水炉では軽水が用いられている.減速材としては,中性子のもつエネルギーを速く減速できること,不要な中性子吸収がないことなどが要求され

る．

　制御材には，ハフニウム（Hf），カドミウム（Cd），ボロン（B，ホウ素）などの合金や化合物が用いられる．制御材としては，中性子を吸収しやすく，放射線照射に強く，冷却材によって腐食しないことなどが要求される．

　冷却材には，軽水，重水，空気やヘリウム（He）などの気体，液体ナトリウム（Na）などが用いられる．冷却材としては，熱を効率的に輸送するために比熱や熱伝導率が高く，中性子をあまり吸収せず，減速材などと化学反応しないことなどが要求される．安価なため軽水が最も広く用いられるが，液体ナトリウムは蒸気圧が低く熱伝達にも優れているため出力密度の高い原子炉に用いられる．

　反射材には，軽水，ベリリウム，黒鉛などが用いられ，遮へい材には，コンクリート，鉄，鉛などが用いられる．

4・2 原子力発電所のしくみ

〔1〕初期の原子炉

　現在，一般に商用炉として使われている原子炉は次節以降で述べる加圧水型軽水炉と沸騰水型軽水炉であるが，まずここでは，それら以外の初期に開発された原子炉について簡単に説明する．

　イギリスを中心に開発が進められ，1956年に運転を開始したガス冷却型原子炉（gas cooled reactor，**コールダーホール炉**：Calder Hall reactor，マグノックス炉：magnox reactor とも呼ばれる）は，冷却材に炭酸ガス（CO_2）またはヘリウム（He）を，減速材に黒鉛を用いた原子炉である．冷却材が気体であるので沸騰を考える必要がなく高温の蒸気を得られるが，減速材が黒鉛のため炉心が大きい．

　カナダ型重水炉（**CANDU炉**：Canadian deuterium reactor）は1960年代にカナダで開発された原子炉で，冷却材，減速材ともに重水を用いる．燃料に天然ウランが利用できるが，炉心が大きくなり，大量の重水が必要である．

　旧ソ連が開発した黒鉛減速軽水冷却沸騰水型炉（**RBMK**：Reaktor Bolshoy Moshchnosti Kanalniy）は，1954年に世界で初めて原子力発電を行った原子炉である．RBMKは，冷却材に軽水，減速材に黒鉛を用い，原子炉内で沸騰した蒸気で発電する．原子炉の構造は，黒鉛ブロックの中に燃料集合体を入れた多数

の圧力管を通すチャネル型で，圧力管中を冷却水が通って蒸気を発生する．容器に入った原子炉に比べ配管破断事故は厳しくないとされ格納容器は不要としている．低出力時は核反応が促進される傾向にあり，1986 年 4 月 26 日に事故を起こした旧ソ連（現ウクライナ）のチェルノブイリ原子力発電所 4 号機も RBMK である．

〔2〕加圧水型軽水炉

　加圧水型軽水炉と次項で述べる沸騰水型軽水炉は，現在実用化されている代表的な原子炉である．

　加圧水型軽水炉（PWR：pressurized water reactor）は，燃料には低濃縮ウランを，減速材と冷却材には軽水を使用する．PWR の概略は**図 4·2**に示すように，炉心と蒸気発生器を循環する**一次系**と，蒸気発生器とタービンを循環する**二次系**に分けられる．一次系を循環する冷却材である軽水は炉心で沸騰しないよう約 16 MPa に加圧され，炉心出口の冷却材の温度は運転圧力における飽和温度よりも低く保たれ，炉心入口で 290℃，出口で 325℃ 程度である．炉心温度は燃料棒が損傷しないよう制約されるが，炉心の出力密度が大きいため熱出力が大きく，沸騰水型軽水炉に比べ炉心は小さい．

　一次系を流れる冷却水のもつ熱エネルギーは蒸気発生器で二次系を流れる水に

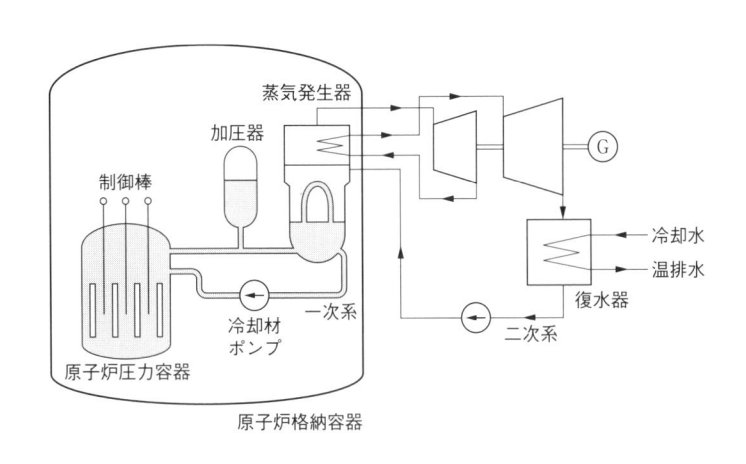

図 4·2　加圧水型（PWR）

熱交換される．蒸気発生器で発生した蒸気（約 270℃，5.7 MPa）は高圧タービンへ導かれ，エネルギーを回転エネルギーに変換させた後，湿分分離器で蒸気中の水分を除き再熱してから低圧タービンへ導かれる．低圧タービンで仕事をした蒸気は，復水器で海水や河川水により冷却され水に戻され，給水加熱器で加熱後，ポンプで再び蒸気発生器に送り込まれる．蒸気発生器や一次系冷却材ポンプからなるループは，800 MW 級で 3 ループ，1 100 MW 級で 4 ループ設置され，ループ数に関わらず圧力を制御する加圧器が 1 台設置されている．このように PWR では，蒸気タービンを作動させる二次系に放射性物質が含まれないため，タービン側の保守点検が容易である反面，蒸気発生器やポンプなど構造が複雑になり，加圧水を流すために配管が厚くなる点が不利である．

出力は，炉の上部から炉心に差し込まれた**制御棒の位置**によって制御される．また，冷却材である軽水に溶かされた**ホウ酸の濃度**でも制御でき，濃度を濃くすれば出力は減少する．制御棒で短期間の燃焼状態を，ホウ酸濃度で長期間の燃焼状態や始動・停止時の補償などを制御する．原子炉を緊急に停止する場合は，すべての制御棒を炉心に挿入する．

PWR は，アメリカの原子力潜水艦用の動力炉として開発され，1950 年代に，ウェスティングハウス社（Westinghouse Electric Cooperation）が発電用として改良した．我が国には，1970 年に関西電力美浜発電所 1 号機に導入された後，現在，北海道電力，関西電力，四国電力，九州電力と日本原子力発電敦賀 2 号機で使用されている．

〔3〕沸騰水型軽水炉

沸騰水型軽水炉（BWR：boiling water reactor）は，PWR と同じく，燃料には低濃縮ウランを，減速材と冷却材には軽水を使用するが，原子炉内部で水を沸騰させて発生した蒸気を直接タービンへ導く．BWR の概略を図 4・3 に示す．

原子炉内の冷却材を一度圧力容器の外に出し，再循環ポンプで圧力容器に戻し，ジェットポンプにより供給量以上の冷却材を炉心に流す．冷却材である軽水は，炉心を通る際に熱を奪って沸騰し蒸気となる．炉心上部の汽水分離器で蒸気を取り出し，直接タービンへ導く．なお，タービン段での再熱は行わない．タービンで仕事をした蒸気は復水器で水に戻され，汽水分離器で分離された水と混合されて圧力容器に戻され，ジェットポンプによりシュラウドと呼ばれる円筒形の

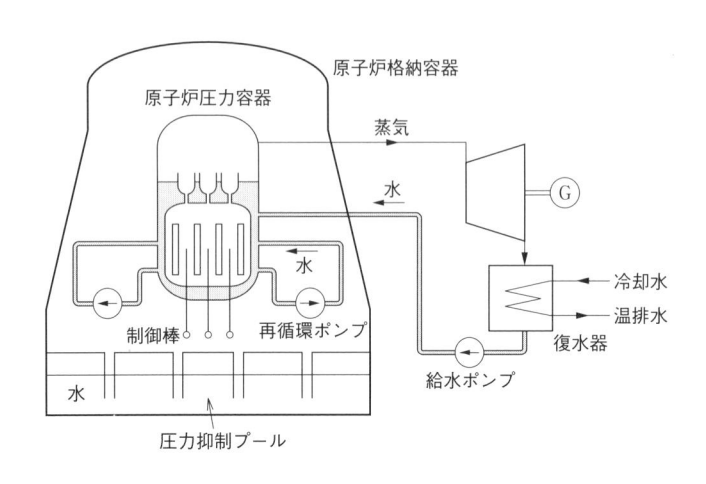

図4・3 沸騰水型（BWR）

外側を下降し炉心へ戻される．

　PWRに比べ，BWRの圧力容器の圧力は7 MPa程度と低く，出力密度も低い．原子炉入口の給水温度が約210℃で，炉心を通過後約290℃の蒸気となる．この蒸気を直接タービンへ導くため，蒸気発生器が不要で，ポンプも少なくてすむことから所内動力も小さい．しかし，出力密度が低いため，炉心，圧力容器ともに大きくなり，タービンも放射線管理が必要となり保守点検が難しくなる．

　出力は，炉の下部から炉心に差し込まれた**制御棒の位置**によって制御される．さらに，炉心を流れる冷却材の流量を再循環ポンプで制御することで，炉内の気泡（**ボイド**）の分布を変えて出力を制御することができる．炉心の気泡が減ると出力が上昇する．そこで，炉心で発生する気泡が一定の割合とすれば，流量を増やせば気泡が少なくなるので出力が上昇する．制御棒では短期間の燃焼状態を，再循環ポンプの流量（気泡の数）では長期間の燃焼状態や始動・停止時の補償などを制御する．原子炉を緊急に停止する場合は，すべての制御棒を炉心に挿入する．

　BWRは1950年代に，アメリカのアルゴンヌ国立研究所で開発が始まり，その後ジェネラルエレクトリック社（General Electric Cooperation）が引き継ぎ実用化した．我が国へは1970年に日本原子力発電敦賀発電所1号機に導入され，以来，東北電力，東京電力，中部電力，北陸電力，中国電力で使用されている．

〔4〕原子力発電用タービンと発電機

　燃料棒が損傷しないよう炉心温度が制限されるため,原子炉から得られる蒸気温度(PWRで約270℃,BWRで約290℃)は,火力発電(最新鋭機で600℃以上)に比べ低く,圧力も低い.そのため,同一出力では原子力用タービンの方が大型となり大きな排気面積を必要とするので,原子力機の回転速度はタービン翼の強度の点からも火力機に比べ遅くしなければならないことから,発電機は4極機(50 Hzで1 500 rpm,60 Hzで1 800 rpm)を使用する.それに加えて,飽和蒸気を使用するので,タービン翼の腐食防止の点から湿分除去も必要となる.

〔5〕原子炉の制御

　核分裂によって中性子が発生し,それが次の核分裂を起こす.中性子が増える割合を**反応度**といい,中性子が一つ発生すれば次の核分裂を起こすので1を越える割合で反応度を定義する.反応度は,燃料,減速材,炉の構造などで決まり,制御棒で制御する.

　反応度は,温度,気泡,核分裂生成物によって変化する.まず,温度が上がると,^{235}U が中性子を吸収する割合が低下する.特に,軽水を減速材に使う原子炉では,温度上昇に伴って水が膨張して原子間隔が広くなり,中性子が衝突し減速されるまでの走行距離が長くなるため,中性子を吸収する割合が低下する.反応度が0すなわち平衡している状態から,何らかの理由で温度が上昇すると,中性子を吸収する割合が低下し反応度が低下することで,出力が低下し,温度は元の値へもどる.この性質を原子炉の**自己制御性**という.

　BWRでは,炉心で軽水が沸騰して気泡(ボイド)を発生する.気泡が発生すると,減速材がなくなり反応度を下げる一方,中性子の吸収も減り反応度を上げることになる.反応度を下げる方向に働くよう炉を設計すれば,出力に対して自己制御性を持たせることができる.

　核分裂で生成される物質のうち,^{138}Xe(キセノン)や ^{149}Sm(サマリウム)は中性子を多く吸収する.また,^{135}Xe は,原子炉の起動時に一時的に増加するが,9時間程度で半減することと中性子を吸収すると他の核種に変わるため,その後は平衡状態となる.また,原子炉の停止時は,^{135}Xe が一時的に増大するため運転停止後数日の時点での再起動は困難となる.

〔6〕原子炉の安全体制

原子炉は大量の放射性物質をもつため，原子炉内に放射性物質や放射線を閉じ込め，常時，異常時とも常に炉心から放射線が漏れることのないよう管理し，従業員や公衆を保護するよう対策を行うことが必要である．そのため，**多重防護**と呼ばれる幾重もの対策を実施する．

原子力発電所における事故への備えは，「止める」，「冷やす」，「閉じ込める」が基本的な考えである．「止める」とは，事故が発生すれば，まず制御棒を挿入し連鎖的な核分裂を抑え，原子炉を止める（スクラム）ことである．しかし，核分裂を止めても核燃料からは崩壊熱が発生する．そこで，「冷やす」ことが必要である．通常の冷却系が配管の破断などで機能しない場合に備え，直ちに冷却材を注入する非常用炉心冷却装置（ECCS：Emergency Core Cooling System）を設置している．ECCSは多重化が図られ，原子炉内の圧力が高圧でも注入できる高圧注水系と低圧でも大量の冷却材を注入できる低圧注水系とがあり，外部電源がなくても機能するようになっている．そして，放射性物質を「閉じ込める」．燃料は，燃料ペレット，燃料被覆管，冷却材圧力バウンダリと構造材で囲われ，それらを原子炉圧力容器に閉じ込める．さらに圧力容器をポンプなどの冷却系も含めて原子炉格納容器内に格納して，放射性物質をその中に閉じ込める．さらに，格納容器を原子炉建屋など二次格納施設に収納する．このように「五重の壁」で放射性物質を閉じ込めるようにしている．

2011年（平成23年）3月11日（金）の東日本大震災により，福島第一原子力発電所は深刻な事故に至った．福島第一原子力発電所には6基のBWRがあり，14時46分に発生した東北地方太平洋沖大地震を受けて，原子炉を緊急に「止める」こと（スクラム）には成功した．しかし，地震によって発生した津波により，1号機から5号機は非常用電源も含め電源を喪失した．5号機は6号機の非常用電源から融通を受け「冷やす」機能を確保したが，1号機から4号機までは全電源喪失に加え冷却系ポンプなども被災したため「冷やす」ことができなくなった（定期点検中の4号機は保管中の核燃料から発生する崩壊熱を冷却できなくなった）．格納容器内の圧力を抜く措置と水素爆発のため，放射性物質を「閉じ込める」ことにも失敗した．この事故は，INES（国際原子力事象評価尺度）では最悪のレベル7とされている．

ウェスティングハウス社は，ポンプや配管などに頼らずに，圧力容器内の熱が

自然対流し，格納容器の上に設置された水タンクから徐々に流れる水と接することで凝縮させて熱を取り去る新設計のプラント，AP1000を発表している．2013年には中国に初号炉が完成する予定である．

4・3 原子燃料サイクル

　原子燃料は，ウラン鉱石を精製し，八酸化三ウラン（U_3O_8，イエローケーキとも呼ばれる）を作り，転換工場でガス状の六フッ化ウラン（UF_6）にする．^{235}Uの濃度を高めた後，再転換工場で二酸化ウラン（UO_2）にされ，成形加工工場で燃料集合体に加工される．

　原子力発電所で使用した使用済み燃料には，エネルギー資源として利用できるウランと新たに生成されたプルトニウムが含まれている．ウランやプルトニウムを回収し，残りを放射性廃棄物として処理する過程を**再処理**という．回収されたウランやプルトニウムは，再び核燃料に加工される．

　再処理は，核燃料集合体をせん断し，硝酸溶液に溶解させた後，核分裂生成物を分離し，次いで，ウランとプルトニウムに分離精製する．脱硝塔で硝酸を取り除いてウラン酸化物と，プルトニウムにウランを混ぜたウラン・プルトニウム混合酸化物（Mixed Oxide，MOXと呼ばれる）を製造する．ウラン酸化物は転換工場に，MOXは成形加工工場に送られ，原子燃料として再利用される．

　この一連のサイクルを**原子燃料サイクル**といい，**図4・4**に示す．

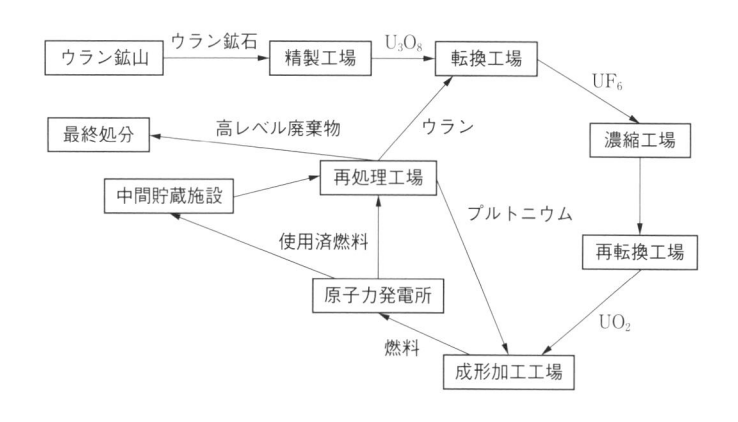

図4・4 原子燃料サイクル

なお，我が国ではプルトニウムの利用は平和目的に限るものとし，国際原子力機関（IAEA：International Atomic Energy Agency）の査察を受けている．

4・4 新しいタイプの原子炉

〔1〕新型転換炉

新型転換炉（**ATR**：advanced thermal reactor）は，冷却材に軽水，減速材に重水を用い，燃料集合体を圧力管に入れ，圧力管を冷却材が通って沸騰するタイプの熱中性子炉である．高価な重水の使用を比較的抑えることができること，天然ウランなども燃料として使用できること，ウラン ^{238}U がプルトニウムに転換する割合も軽水炉に比べ多いこと，運転中の燃料交換が可能であることなどが特徴である．しかし，重水のコストがかさみ，運転中に重水がトリチウム（^{3}H，三重水素）に変化することが難点である．

ATRは，1967年以来動力炉・核燃料開発事業団（現在，日本原子力研究開発機構）が開発に取り組んだ国産炉であり，1978年には原型炉「ふげん」が福井県敦賀市に完成し，2003年まで運転された．原型炉に続く実証炉を青森県に建設する予定であったが，コスト高を理由に開発計画は取り止めとなっている．

〔2〕高速増殖炉

高速増殖炉（**FBR**：fast breeder reactor）は，プルトニウム ^{239}Pu を高速中性子により核分裂させ，発生した中性子を ^{238}U に吸収させることで，^{239}Pu を消費した以上に発生（増殖）させる原子炉である．^{238}U を燃料として使えるようにするため資源が有効に利用でき，高速中性子を利用するので減速材を用いないため炉心の出力密度が大きくなる．冷却材には，中性子をあまり吸収しない液体金属ナトリウムを用いる．ナトリウムは熱伝導度も高く900℃近くまで液体なので，高温蒸気が得られ熱効率が高く，沸点も高いので沸騰しないよう加圧する必要がなく，また，軽水のような沸騰による冷却材喪失事故に備える必要もないので緊急炉心冷却装置（ECCS）は不要とされている．しかし，金属ナトリウムは水や酸素に触れると激しく酸化するため管理が難しい．

FBRの原型炉としては，旧ソ連（現カザフスタン）のBN-350（電気出力150MW，1972年臨界），フランスのフェニックス（電気出力251 MW，1973年臨界

2010年運転停止），旧ソ連（現ロシア）のBN-600（電気出力600 MW，1980年臨界），日本のもんじゅ（電気出力280 MW，1994年臨界，1995年にナトリウム漏えい事故で運転停止，2010年に一時運転再開，2013年現在運転停止，2016年廃炉）がある．

原型炉に次ぐ実証炉としては，フランスのスーパーフェニックス（電気出力1 240 MW，1985年臨界）が建設されたが，冷却系の故障などから1990年に運転停止となり，一度運転は再開したが1998年に閉鎖が決まった．なお，後継の実証炉の計画も中止されている．ロシアは，実証炉BN-800で2015年から発電を開始し，続く商用炉の建設を検討している．中国にも実証炉の建設計画がある．

演習問題

1 以下の文中の空白箇所（ア）～（カ）にふさわしいものを，下記の語句群から選びなさい．（平成21年電験三種．解答方法を改変）

原子力発電は，原子燃料が出す熱で水を蒸気に変え，これをタービンに送って熱エネルギーを機械エネルギーに変えて，発電機を回転させて電気エネルギーを得るという点では，（ア）と同じ原理である．原子力発電では，ボイラの代わりに（イ）を用い，（ウ）の代わりに原子燃料を用いる．現在，多くの原子力発電所で燃料として用いている核分裂連鎖反応する物質は（エ）であるが，天然に産する原料では核分裂連鎖反応しない（オ）が99％以上を占めている．このため，発電用原子炉には，ガス拡散法や（カ）などの物理的方法で，（エ）の含有率を高めた濃縮燃料が用いられる．

(語句群)
汽力発電，内燃力発電，原子炉，燃料棒，自然エネルギー，化石燃料，プルトニウム239，ウラン238，ウラン235，遠心分離法，重力法

2 以下の文中の空白箇所（ア）～（セ）に適切な語句を入れなさい．

原子力の安全確保は，（ア）と言われる考え方で，第1のレベルとして「異常の（イ）防止」，第2のレベルとして「異常の（ウ）への拡大防止」，第3のレベルとして「周辺環境への（エ）の放出防止」を考える．この意味は，異常が起きても（ウ）にならないよう，（ウ）が起きても環境を汚染しないようにと，あるレベルがうまく機能せずとも次のレベルで抑え込むことができるようにとの考えからである．第2のレベルでは，必要な場合には原子炉を確実に

47

(オ) こと，そして，崩壊熱を適切に除去して原子炉を (カ) ことで拡大を防止し，第3のレベルでは，(エ) を (キ)．(キ) ために，(エ) と周辺環境の間にはいわゆる「(ク) の壁」を設けている．

3 表4·1は，さまざまな原子炉の燃料，減速材，冷却材をまとめたものである．空欄を埋めて表を完成しなさい．

表4·1

原子炉の種類	燃料	減速材	冷却材
ガス冷却型（GCR）			
沸騰水型（BWR）			
加圧水型（PWR）			
CANDU炉			
RBMK			
新型転換炉（ATR）			
高速増殖炉（FBR）		—	

4 加圧水型（PWR）と沸騰水型（BWR）を比較し，その特徴的な違いを述べなさい．

5章 水力発電

本章では，水力発電の基礎となる原理と水力発電に関わる設備を知り，水力発電の仕組みについて理解することを目的とする．すなわち，ベルヌーイの定理など水力学の基礎について学んだ後，水力発電に使われるダムや導水路など水に関係する設備，水の持つエネルギーを機械エネルギーに変える水車など水力発電で使われているさまざまな設備，水力発電所の出力や運用方法などについて述べる．最後に電気エネルギーを貯蔵する揚水発電について紹介する．

5・1 水力学

水は，大気圧下で4℃のとき最も密度が高くなるが，水の密度の温度変化は小さいので，水力学では比重を1と考えてよく，水の質量は1m³当たり1000kgである．また，水に圧力を加えてもその体積はほとんど変わらず，非圧縮性流体と考えてよい．

管路を流れる水の水量 Q 〔m³/s〕は，流水の断面積 A 〔m²〕と平均流速 v 〔m/s〕の積で表される．すなわち，

$$Q = Av \tag{5・1}$$

図5・1に示すように管路を水が流れるとき，水の圧縮性は無視でき，また，管路の途中で水の出入りがなければ，面1を流れる水量と面2を流れる水量は等しい．

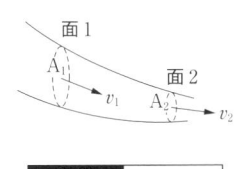

図5・1 連続の式

$$Q = A_1 v_1 = A_2 v_2 \tag{5・2}$$

すなわち，管路の任意の断面における水量は等しく，これを**連続の式**という．

運動している非圧縮性の流体では，流線に沿ってどの断面でも，運動エネルギー，位置エネルギー，圧力によるエネルギーが一定である．すなわち，

$$H = h + \frac{p}{\gamma g} + \frac{v^2}{2g} = （一定） \tag{5・3}$$

ただし，h〔m〕を**位置水頭**（elevation head）といい基準面からの高さを表す．また，p〔Pa〕は圧力，γ〔kg/m³〕は単位体積当たりの重量，g〔m/s²〕は重力加速度（9.8 m/s²）で，$\frac{p}{\gamma g}$〔m〕を**圧力水頭**（pressure head）といい，v〔m/s〕は流速で，$\frac{v^2}{2g}$を**速度水頭**（velocity head）という．また，H〔m〕を**全水頭**（total head）という．これを**ベルヌーイの定理**（Bernoulli's Theory）という．

実際に流体が管路を流れる場合には，管壁との間に生じる摩擦や，管路が急に拡大する時に生じるうず流などにより損失が発生する．これらを損失水頭 h_L〔m〕と呼び，式(5・3)は次のように表される．

$$H = h + \frac{p}{\gamma g} + \frac{v^2}{2g} + h_L = （一定） \tag{5・4}$$

図 5・2 に示すように，水深 h_1〔m〕の位置に小孔が開けられた十分に断面積の広い水槽があるとする．この小孔から流出する流体の速度 v_2〔m/s〕は，ベルヌーイの定理において，流出量に比べ断面積が十分広く液面が下がる速度を無視できるとすることで，

$$h_1 = \frac{v_2^2}{2g} \text{〔m〕} \quad \text{または} \quad v_2 = \sqrt{2g h_1} \text{〔m/s〕} \tag{5・5}$$

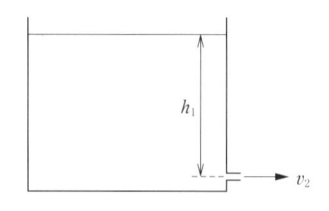

図 5・2 トリチェリの定理

と導くことができる．これを**トリチェリの定理**（Torricelli's Theory）という．

　水力発電の計画には河川の流量を把握することが重要である．降水の一部は再び大気中へ蒸発し一部は地中へ浸透するが，降水量と河川の流出量の間には一定の関係が見られる．降水量と河川の流出量の比を流出係数（run-off coefficient）と呼び，0.4〜0.7位である．

　水力発電は，水の位置エネルギーを水車タービンで機械エネルギーに変え，発電機で電気エネルギーに変換する．したがって，流量 Q〔m³/s〕の水が有効落差 H〔m〕を落ちて水車に当たるとき，水車が得ることのできる動力 P〔kW〕は，

$$P = 9.8QH \tag{5・6}$$

である．これを**理論水力**（theoretical water power）という．この動力を受けて発電機の出力 P_g〔kW〕は，

$$P_g = \eta_w \eta_g 9.8QH \tag{5・7}$$

ここで，η_w は水車の効率，η_g は発電機の効率であり，概ね η_w は 0.87〜0.95，η_g は 0.90〜0.98 である．

5・2 水力発電所のしくみ

〔1〕水力発電所の分類

　水力発電所を，落差の取り方から分類すると，水路式，ダム式と，それらの混合であるダム水路式に分類できる．**水路式**とは，取水する河川に比べ緩い傾斜の水路で水を導くことで落差を得る方式で，**ダム式**とは，河川を横切ってダムを作りその上流に水を貯めることで落差を得る方式である．**ダム水路式**とは，ダムから水路で水を導くことで，ダム式よりも大きい落差を得る方式である．

　次に，流量の取り方で分類すると，流れ込み式，調整池式，貯水池式，揚水式に分類できる．**流れ込み式**（run of river type）では，河川の自然流量に応じて取水し，自流式発電所とも呼ばれる．**調整池式**（pondage type）では，数時間ないし数日程度の負荷の変動に対応できる調整池を持つ．**貯水池式**（reservoir type）は，雪解け水や梅雨時の降雨など豊水期の水を数百万 m³ 以上の容量をもつ貯水池に貯め，渇水期に使用することで，季節的な河川流量の変化や負荷

変動に対応する．揚水式（pumped storage type）とは，発電所の上部と下部に二つの調整池を設け，深夜などオフピーク時に水を上部調整池に揚げ，ピーク時に水を落として発電する．揚水発電については5・4節で詳しく述べる．

〔2〕ダ　ム

　ダムは，地震や洪水が起こっても決壊せず，最大流量を安全に下流に流すことができ，さらに景観にも配慮することが必要である．水路式では取水口へ水を導く取水ダムが，貯水池式では一定期間水を貯めるための貯水ダムが作られる．ダムの材質は，セメント，石，土などが用いられる．

　ダムの構造で分類すると，重力ダム，アースダム，ロックフィルダム，アーチダムなどが主なものである．

　重力ダム（gravity dam）は，ダム自身の重さで外力に耐えるもので，安定性，耐久性に富むが，建設される地盤がよいことが条件である．図5・3にコンクリート重力ダムの概略図を示す．ダムの自重とダムが受ける水圧との合力が，ダム底面の1/3より下流側とならないよう設計する．天竜川水系の佐久間ダム（1956年完成）がその代表例である．建設費削減のために，重力ダムの内部に空洞を設けるコンクリート中空重力ダムも建設されている．

　アースダム（earth dam）は，図5・4に示すように，砂利や粘土を混合した素材を積み上げ，遮水のため，表面に石やコンクリートを張ったり，内部に粘土やコンクリートで遮水壁（心壁）を設けたりする．ロックフィルダム（earth and rockfill dam）は，様々な粒径の岩石をゾーン別に積み上げるもので，例と

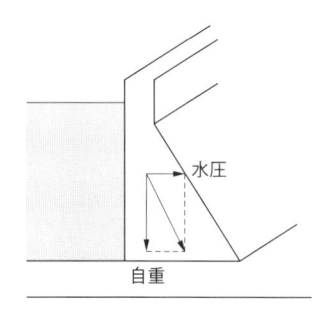

図5・3　重力ダム

図5・4 アースダム

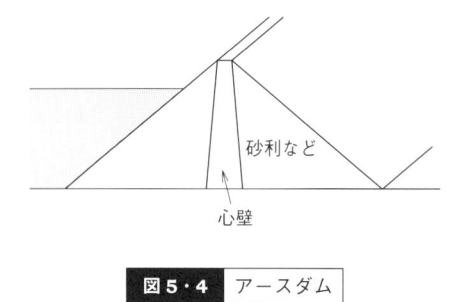

しては，庄川水系の御母衣ダム（1961年完成）が挙げられる．これらのフィルダムは，ダム建設地点の土質材料を利用することができ，強固な岩盤を必要としないが，堤頂を水が越流すると決壊する恐れがある．

アーチダム（arch dam）は，ダムの上流面にかかる力をアーチ作用で受け，その力を両岸の谷で支えるものである．重力ダムより材料は少ないが，基礎だけでなく両岸の岩盤も十分強固でなければならない．代表例としては，黒部川水系の黒部ダム（1963年完成）が挙げられる．

ダムの付属設備として，可動せき，洪水吐などの保安用設備，土砂吐，魚道などの維持設備がある．可動せきは，洪水時には上流側の水位上昇を抑制しつつ下流に安全な水量を流すよう調整し，渇水時には取水口から取水しやすいよう水位を調整する．洪水吐は，洪水時にダムの水位を高めないよう水を流すもので，コンクリート重力ダムではダム堤頂部に越流式の洪水吐を設けるが，フィルダムは越流できないため別の箇所に洪水吐を設ける．一方，土砂吐は，貯水池に堆積した土砂を洪水時などに流下させるものである．成長に合わせて河川を上下する魚の通り道として魚道が設けられることもある．

〔3〕導水路

取水口で取水された水は，導水路を通って発電所直上まで導かれ，水圧管路を通って水車タービンへ落とされる．水のもつ位置エネルギーを有効に利用するために，導水路は所要の水量を，落差の損失なく，また，漏水や，土砂やゴミなどの混入のないよう運ぶことが必要である．流速を速くすると断面が小さくてすみ，工事費も低減できるが発電力が減少する．一般に自然流下式の導水路の流速

は，2～3 m/s が適当と言われている．

　導水路トンネルは，建設費が高く点検も容易ではないが，水を最短経路で導くことができ土砂やゴミなどの混入もない．トンネル上部に空間を残して自然流下させる無圧トンネルと，トンネル断面の上部まで圧力のかかる圧力トンネルとがある．圧力トンネルは，圧力に強い円形断面で鉄筋コンクリート構造であるが，勾配そのものが損失にはならない．

〔4〕**水圧管路**

　導水路が無圧の場合，末端に**ヘッドタンク**（head tank）を置く．水車の負荷が変わると使用流量が変化するため，水圧管路からヘッドタンクの自由水面に水撃作用（water hammering）が加わる．ヘッドタンクは，水撃作用を緩和し水位の急変を抑える．また，開きょで越流しないよう，余分な水を放流するよう余水吐を設ける．

　導水路が圧力トンネルの場合，末端に**サージタンク**（surge tank）を置き，その中の自由水面で水撃作用を吸収し，圧力トンネルに水撃作用を及ぼさないようにする．サージタンクの水位は全負荷時に負荷を遮断したときに最も上昇する．

　ヘッドタンクまたはサージタンクから発電所の水車まで圧力のかかった水を導く管を，**水圧管**（penstock）という．水圧管は，鋼板をリベットまたは溶接したものが一般的である．水圧管は管数の少ない方が経済的である．普通，流速は2～4 m/s であるが，低落差の場合は管径を大きくして損失を小さくするが，高落差では経済的に管径を小さくする場合もある．

〔5〕**水　車**

　水車は，水のもつ位置エネルギーを運動エネルギーまたは圧力エネルギーに変える．運動エネルギーに変えるものを衝動水車（impulse water turbine）といい，その例としてはペルトン水車が挙げられる．圧力エネルギーに変えるものを反動水車（reaction water turbine）といい，フランシス水車，カプラン水車，斜流水車（diagonal flow water turbine）などが挙げられる．また，車軸の向きから，立軸，横軸，斜軸に分けることができる．

　ペルトン水車（Pelton wheel）を**図 5・5**に示す．ノズルから噴き出た水（ジ

5・2 水力発電所のしくみ

図5・5 ペルトン水車（新楠木川発電所）[12]

図5・7 プロペラ水車（新七宗発電所）[12]

図5・6 フランシス水車（新上麻生発電所）[12]

ェット）をランナ（runner）のバケットにあて，ランナを回転させ機械エネルギーに変える．ノズル内のニードル弁が動いて流出口の断面積を変えることで，流量を調整する．有効落差が150〜800 m程度と高い落差がある場合に使用される．

フランシス水車（Francis turbine）を**図5・6**に示す．水は車軸と垂直な方向からガイドベーン（guide vane）を通ってランナに入り，ランナ内で車軸方向に向きを変える．ガイドベーンはランナの外周に配置され，水流に適当な方向を与え，流量を調整する．有効落差が40〜500 m程度である場合に使用される．

水が車軸と同じ方向に流れる反動水車を**プロペラ水車**（propeller water turbine）といい，**図5・7**に示す．プロペラ水車の内，ランナベーン（runner vane）の傾斜角度をガイドベーンの開度と合わせて調整するものを**カプラン水車**

(Kaplan turbine) という．有効落差が 80m 程度以下の低落差である場合に使用される．

水車のランナなどは，土砂などで表面に損傷を受ける．また，ランナ内に非常に圧力が低い場所ができると水に溶けていた空気が遊離したり，水蒸気が発生して泡ができたりする．これが圧力の高い部分に達すると瞬間的に押しつぶされ，強い衝撃が発生する．これを**キャビテーション**（cavitation）という．ランナ表面など金属面で繰り返しキャビテーションが発生すると，金属面表面に海綿状の損傷ができる．

反動水車のランナの出口から放水面までの接続管を吸出管（draft tube）といい，ランナ出口の圧力を大気圧以下に保ち，水のもつ運動エネルギーを位置エネルギーとして回収する．

発電機の回転速度は，入ってくる水のエネルギーと出ていく出力，すなわち，負荷によって変化する．発電機の回転速度が一定となるよう，水車に入る水のエネルギーを制御する制御系を**ガバナー**（governor，調速機）という．ガバナーは，発電機の回転速度を検出して水車に入る流量をガイドベーンで調整する．かつては，ペンジュラムという重りが遠心力とばねの力で釣り合いをとり，回転速度が速くなればペンジュラムがより外側へ拡がろうとする力を検出し，ガイドベーンを油圧で動かす機械式が主であったが，現在では回転速度を電気的に検出する電気式が一般的である．

5・3 水力発電所の運用

〔1〕比速度

比速度（specific speed）とは，その水車と幾何学的に相似な形状を持つ水車を単位落差の下で単位出力を発生させるのに必要な 1 分間当たりの回転数を表し，ランナの形状と特性を推定する指標に用いられる．定格回転速度 n〔rpm〕，有効落差 H〔m〕，定格出力 P_g〔kW〕とすると，比速度 n_s は式(5・8)で与えられる．

$$n_s = n \frac{P_g^{1/2}}{H^{5/4}} \tag{5・8}$$

一般に，同じ落差では比速度の大きい方が機器の重量が軽くなり経済的である

が，比速度があまり大きいとキャビテーションが発生しやすくなる．そのため，水車の種類により比速度 n_s の限界が与えられている．その限界は，ペルトン水車では $12 \leq n_s \leq 23$，フランシス水車では $n_s \leq \dfrac{20\,000}{H+20}+30$，プロペラ水車では $n_s \leq \dfrac{20\,000}{H+20}+50$ とされている．

〔2〕水車発電機の回転速度と極数

　水車で駆動する発電機は，商用周波数の系統に接続されている同期発電機であるので，同期速度で回転する必要がある．発電機の極数が p（ただし p は偶数）ならば，発電機が1回転すると $p/2$ サイクル発生するので，周波数 f〔Hz〕は，

$$f = \frac{p}{2} \times \frac{n}{60} \tag{5・9}$$

となる．ここで，n〔rpm〕は毎分の回転数である．

　水車発電機の回転速度は，次のように定められる．まず，有効落差と水車の種類から，前節で述べた比速度の限界を元に，水車の比速度 n_s が決定される．一方，有効落差 H〔m〕と最大使用流量 Q〔m³/s〕から水車の出力 P_g〔kW〕が

$$P_g = \eta_w \eta_g 9.8 Q H \tag{5・7}$$

で求められ，これを式(5・8)に代入して仮の回転速度 n'〔rpm〕を求める．

　次に，式(5・9)を変形した

$$p' = \frac{120f}{n'} \tag{5・10}$$

に代入し，p' を求める．そして，p' より大きくて最も近い偶数を，設置する発電機の極数 p とし，そのときの回転速度は式(5・9)を用いて改めて計算する．

〔3〕調整池の運用

　5・2節で述べたように，調整池は，数時間から数日程度の負荷の変動に対応して河川の自然流量を調整する．例えば，河川の自然流量が Q〔m³/s〕一定で，ピーク時間帯が T〔h〕とする．ピーク時には流量 Q_p〔m³/s〕を使って発電しなければならないとするとき，必要な調整池の容量 V〔m³〕は，

$$V = (Q_p - Q) \times 3\,600\,T \tag{5・11}$$

となる．もし1日で水を貯水して，それをすべてピーク時間帯に使うとすると，

$$V = (Q - Q_O) \times 3\,600 \cdot (24 - T) \tag{5・12}$$

が成立する．ただし，Q_O〔$\mathrm{m^3/s}$〕はオフピーク時間帯の使用水量である．

5・4 揚水発電

揚水発電（pumped storage system）は，発電所の上部と下部それぞれに調整池を設け，深夜にコストの安い電力を使って下部の調整池から上部の調整池に水を揚げ，昼間のピーク時に上部の調整池から水を落とすことで発電する．上部の調整池に揚げた水だけで発電する純揚水式と，上部の調整池に流入する自然河川の水量では不足する分だけを揚水する混合揚水式とがある．

揚水発電では，揚水を行うためのポンプとモーターが必要となるが，図5・8に示すように，初期にはポンプと水車を個別に最適な効率が得られるよう設計できる別置式やタンデム式も考えられたが，現在一般には，保守，経済の両面から有利な，回転方向を揚水と発電で逆にする**ポンプ水車式**（reversible pump-turbine type）が用いられる．また，発電電動機は，揚水運転時には同期電動機として始動させるため，現在は同期始動方式とサイリスタ始動方式を組み合わせた始動法が一般的である．同期始動方式とは，系統から分離した発電機を始動し，同期をとりながら界磁電流が供給された同期電動機を加速する方法であり，サイリスタ始動方式とは，界磁電流を回転子に供給しつつ，サイリスタ変換装置より0から定格回転速度まで周波数を変えて固定子巻線に電流を供給して，同期電動機を始動する．

揚水時に必要な電力 P_p〔kW〕は，

(a) 別置式　　(b) タンデム式　　(c) ポンプ水車式

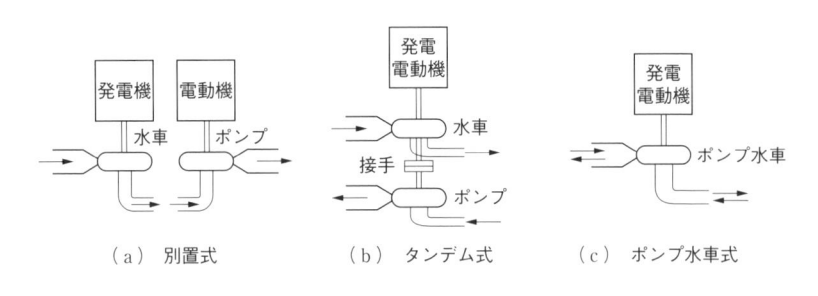

図5・8 ポンプ水車の方式

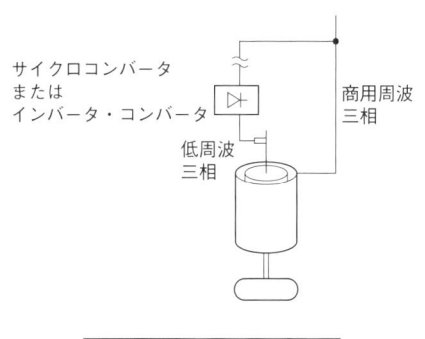

図5・9 可変速揚水発電

$$P_p = 9.8QH/\eta_p\eta_m \quad (5\cdot13)$$

ここで，η_p はポンプの効率，η_m は電動機の効率である．したがって，揚水発電所の総合効率 η は，損失落差 h_L〔m〕を考えると，

$$\eta = \frac{H-h_L}{H+h_L}\eta_p\eta_m\eta_w\eta_g \quad (5\cdot14)$$

となる．

深夜や休日などの軽負荷の時間帯は，発電機出力を変更しにくい原子力発電や石炭火力発電などベース電源の割合が相対的に高くなり，系統の周波数調整が難しくなる．**可変速揚水発電**（variable speed pumped storage system）とは，周波数調整を目的に，揚水時の電動機への入力を変えることができるようにしたものである．同期電動機への入力は回転数が変われば変化するので，図5・9に示すように，回転子（界磁巻線）に直流ではなく 0～数 Hz 程度の三相交流を供給することで，回転速度を変化させる．回転子に供給する三相交流は，サイクロコンバータ，もしくは，インバータとコンバータを組み合わせて発生させる．

演習問題

1 以下の文中の空白箇所（ア）～（オ）を埋めなさい．（平成24年電験三種．解答方法を改変）

図5・10に示すように，放水地点の水面を基準面とすれば，基準面から貯水池の静水面までの高さ H_g〔m〕を一般に （ア） という．また，水路や水圧管の壁

と水との摩擦によるエネルギー損失に相当する高さ h_l 〔m〕を (イ) という．さらに，H_g と h_l の差 $H=H_g-h_l$ を一般に (ウ) という．いま，Q 〔m³/s〕の水が水車に流れ込み，水車の効率を η_w とすれば，水車の出力 P_w は (エ) となる．さらに，発電機の効率を η_g とすれば，発電機の出力 P は (オ) になる．ただし，重力加速度は 9.8〔m/s²〕とする．

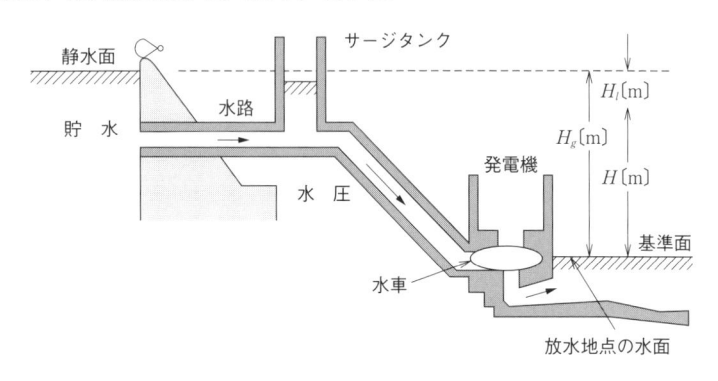

図5・10

2 以下の文中の空白箇所（ア）〜（オ）に適切な語句を入れなさい．

1963年に完成した黒部ダムは，水圧を曲面の作用により両側の谷で支える，日本最大の (ア) ダムである．ここで取水した水を，下流約10 km にある黒部川第四発電所まで導いて，有効落差545.5 m を使って発電する．したがって，黒部川第四発電所は，構造で分類すれば (イ) 式，流量の取り方では (ウ) 式の水力発電所である．高落差であることから (エ) 水車が用いられている．(エ) 水車は，水のもつ位置エネルギーを運動エネルギーに変えて利用する (オ) 水車の一つである．

3 有効落差 102 m の水力発電所がある．この発電所は，河川から一日中一定の流量が流れ込む調整池をもち，この調整池を利用することで13時〜17時の4時間は 22 000 kW 一定，17時〜翌日13時までの20時間は 16 000 kW 一定で発電できる．このとき，河川から調整池へ流れ込む流量〔m³/s〕を求めなさい．また，この運転を実現するには，調整池の有効貯水量は何〔m³〕必要か答えなさい．ただし，調整池は最大限に使用し，かつ，16 000 kW の低出力時に越流しないものとする．また，有効落差は変わらないものとし，水車と発電機の合成効率を 85% とする．

6章 再生可能エネルギー

近年，化石燃料や原子力発電の代替エネルギー源として**再生可能エネルギー**が急速に脚光を浴びている．本章では，各種の再生可能エネルギーによる発電方式の原理や開発動向，課題や将来技術について概観する．

6・1 再生可能エネルギーの概要

[1] 再生可能エネルギーとは

再生可能エネルギー源は，「電気事業者による再生可能エネルギー電気の調達に関する特別措置法」(2012年7月施行)において，太陽光，風力，水力，地熱，バイオマスなどが定義されている．再生可能エネルギーの利用形態としては熱利用（太陽熱温水器など）や動力利用（粉引き水車，帆船など）なども含まれるが，本書では電気エネルギーに変換されるもの，すなわち発電用途のみを対象とする．具体的には，太陽熱発電，太陽光発電，風力発電，水力発電，地熱発電，各種バイオマス発電などが挙げられる．この例からも，再生可能エネルギーはその多くが太陽からのエネルギーの直接利用およびその二次利用の形態を取ることがわかる．

図6・1は2013年時点での全世界の発電用一次エネルギーの構成を示したものである．国際エネルギー機関 (IEA) の2050年までの電源構成における再生可能エネルギーの展望によると[1]，大型の水力発電を含む再生可能エネルギーは現在23%程度（水力15%，その他8%）しかないが，2050年には全世界の再生可能エネルギーは現在の5.4 PWh (5.4兆kWh) から約20 PWh (20兆kWh) に成長することが見込まれている．これは2050年に予想される全世界の供給電力量の約半分に相当する．このように再生可能エネルギーは，将来の持続可能な社会を担うエネルギー源として大きく期待されている．

6章 ■ 再生可能エネルギー

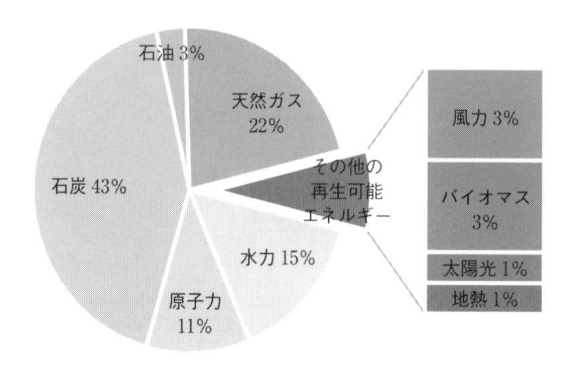

図6・1 2013年における全世界の発電用一次エネルギー（IRENA: Roadmap for a Renewable Energy Future[2]）を元に作成）

[2] 再生可能エネルギーの便益とコスト

再生可能エネルギーには，（ⅰ）環境汚染物質の排出が極めて少ない，（ⅱ）エネルギー価格が安定している，（ⅲ）エネルギーの純国産化が可能，などの便益[*1]がある．（ⅰ）のうち最も重要なものが，二酸化炭素を含む**温室効果ガス**の排出量削減に対する貢献である．図6・2に示す通り，ほとんどの再生可能エネルギー電源の二酸化炭素排出量は化石燃料に比べ極めて低く，地球温暖化防止に大きく貢献できる性能を持っている．また，酸性雨の原因ともなる窒化物や硫化物もほとんどあるいはまったく排出せず，当然ながら放射性物質も排出しないという極めてクリーンな電源である．

また，再生可能エネルギーは単に環境問題に貢献するだけでなく，我が国のエネルギー戦略の上でも重要視されつつある．我が国は現在，化石燃料などの電源用一次エネルギーのほぼ90%を海外からの輸入に頼っているが，再生可能エネルギーはほぼすべてが国産のエネルギー源となり得る．特に化石燃料の価格は複雑な国際情勢の中で急上昇・急下降するリスクを常に抱えるが，再生可能エネル

---

*1 「便益（benefit）」とは，工学系の学生には耳慣れない用語であるが，これはれっきとした経済学用語である．経済学的な意味での便益とは，いわゆる「メリット」の貨幣表現（金額に換算した定量表現）であり，コストの反意語である．すなわち，再生可能エネルギーの議論をする時は発生するコストだけでなく，得られる便益も定量的に議論しなければならない．

6・1 再生可能エネルギーの概要

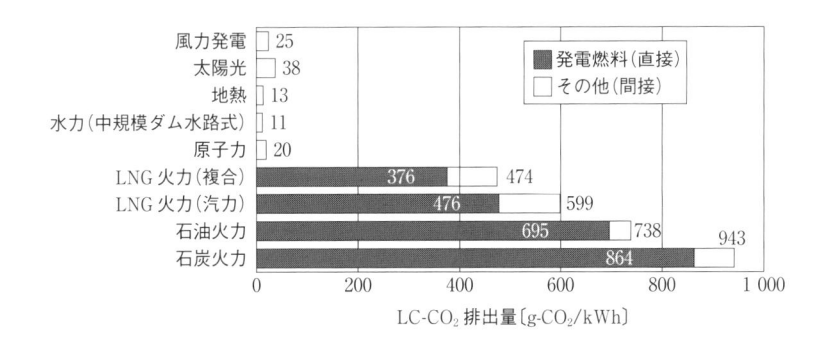

図6・2 各種電源のCO₂排出量（電力中央研究所報告 Y09027 を元に作成）[3]

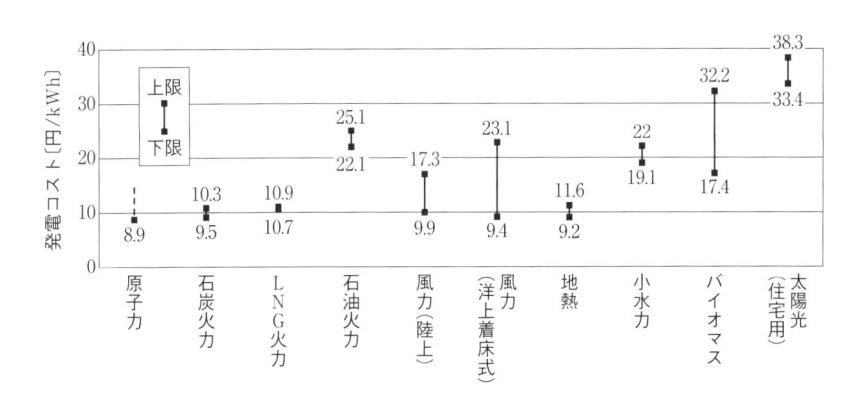

図6・3 我が国の各種電源の発電コスト（コスト等検証委員会報告書を元に作成）[4]

ギー源にはそのようなリスクは極めて少なく，一度建設されれば保守点検さえ適切に行われればエネルギー価格としては最も安定なエネルギー源であると見なされる．また，エネルギー源やその設備が国産であるということは，我が国の雇用や産業育成にとってもプラスの要因が多く，国内経済発展の観点からも多くの便益があることが見込まれている．

一方，再生可能エネルギーのコストについては，内閣府国家戦略室コスト等検証委員会報告書（2011年12月）[4]によると，**図6・3**に示すようになる．図には従来型電源の発電コストも比較のため示されているが，同図から，一部の再生可能

エネルギーの下限値は従来型電源とほぼ同等あるいは若干高い程度にまで低下してきており，経済的競争力をつけつつあることがわかる．また，依然高コストな方式（太陽光発電など）もあり，今後もさらなる技術革新や，補助金などによる産業育成が必要であることもわかる．再生可能エネルギーの問題点と課題については，6・6節で後述する．

6・2 太陽光発電

他のほとんどすべての発電方式が回転機（発電機）を用いるのに比べ，**太陽電池**[*2]は駆動部を一切持たない，**光電効果**による直接エネルギー変換方式を持つユニークな発電装置である．光電効果は19世紀前半には既に知られていたが，20世紀初頭にアインシュタインによって理論的解明が行われ，1954年には世界初の太陽電池がピアソンらによって発明された．その後，主に人工衛星搭載用として開発されていたが，1960年代のオイルショック以降発電用として開発が進み，近年の地球温暖化対策としてますます脚光を浴びつつある．

〔1〕太陽光発電の開発動向

1980年代以降，世界の太陽光発電の研究開発をリードしてきたのは，日本である．特に我が国では早くから住宅用太陽電池パネルが普及し，パネル生産量および設置量ともに日本がこの分野をリードし続けてきた．しかし，2000年代後半になると国内の助成制度を充実させたドイツが急激に躍進し，さらにスペイン，イタリアなども勢いを増し，日本を追い抜いている．図6・4に各国の太陽光発電の累積設備容量の推移を示す．また，パネル製造の分野では，ここ数年，中国（台湾を含む）の躍進が著しい．コストについては，6・1節で見た通り，太陽電池は再生可能エネルギーの中でも最も高コストな技術のうちの一つであるが，その価格は歴史的に見ると徐々に着実に低下してきており，近年の量産化によりさらにその低下は顕著となっている．

[*2] 太陽電池およびそれを用いた太陽光発電の英語名はphotovoltaicであり，近年はPVとも略称される．なお，太陽光発電は日本語で「ソーラーシステム」と呼ばれる場合も稀にあるが，本来，英語のsolar systemは天文学用語で「太陽系」のことを指す．

6・2 太陽光発電

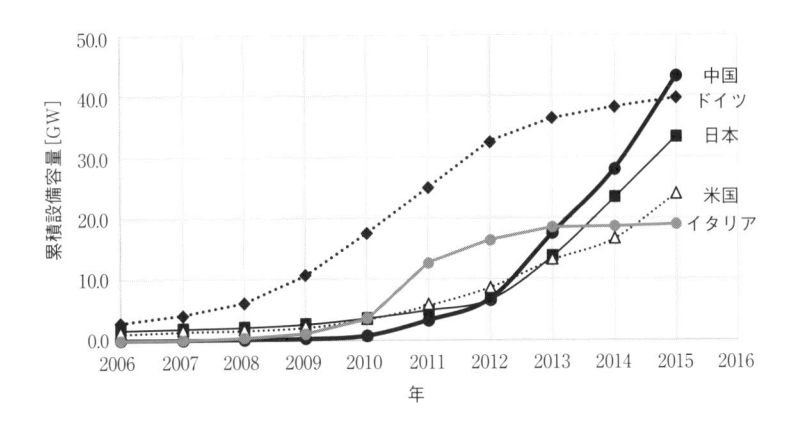

図6・4 各国の太陽光発電累積設備容量の推移（IRENA：Renewable Energy Statistics 2016[5]）を元に作成）

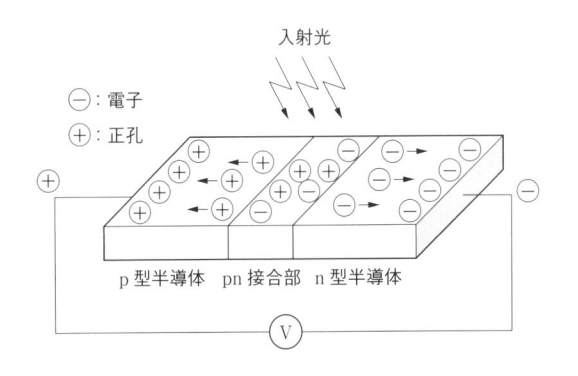

図6・5 太陽電池の基本構造

〔2〕太陽光発電の基本原理

　太陽電池は光電効果により光のエネルギーを電気エネルギーに直接エネルギー変換する発電装置である．図6・5および図6・6に太陽電池の基本構造と半導体バンドギャップ理論注[*3]から説明した光電効果の模式図を示す．pn接合を持つ半導体に光が入射すると電子と正孔が発生し，内部電界により正孔がp型半導

---

*3　光電効果および半導体バンドギャップ理論の詳細に関しては，OHM大学テキスト『量子物理』および『電気電子材料』を参照のこと．

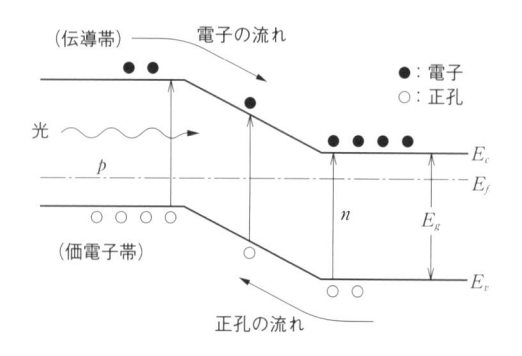

図6・6 光電効果の模式図

体に，電子がn型半導体に引き寄せられる．このp型・n型半導体に電極を設けるとそれぞれ正極・負極となり，両極に外部負荷を接続すると電流が流れ，光エネルギーに応じた電気エネルギーを取り出すことができる[*4]．

太陽電池の第一の特徴は稼働部を持たないことであり，これにより，騒音や振動が発生しない，システム全体の部品点数が少ない，メンテナンスが簡易で故障も少ない，などのメリットが発生する．また，回転機を必要とする一般の発電方式は大型化すればするほど高効率化となる傾向があるが（スケールメリット），発電効率が発電規模の大小に左右されないことも特徴の一つである．さらに，太陽電池の主原料となる半導体は，シリコンであれば地球上で2番目に多い元素であり，ほぼ無尽蔵に採取が可能な材料であるという利点も持つ．

図6・7に太陽電池の材料および開発の年代による分類図を示す．太陽電池の代表格であるシリコン系太陽電池は，単結晶，多結晶，アモルファス（非晶質）の三つに大きく分類できる．**単結晶シリコン太陽電池**は最も初期から開発が進んだ太陽電池であり，比較的高効率化が可能であるが製造工程が複雑で高コストであるという欠点を持つ．多結晶シリコンは単結晶に比べ変換効率は若干劣るものの，比較的コストで製造が可能である．また，アモルファスシリコンは上記の二者とは製造工程がまったく異なり，SiH_4などのガスをグロー放電でプラズ

[*4] ここで示した基本原理は，主にシリコンや化合物半導体などを用いた太陽電池の基本原理である．近年開発が進んでいる色素増感太陽電池などの有機系，あるいは量子ドット型などの原理は紙面の都合で割愛するが，興味のある読者は是非各自で調べられたい．

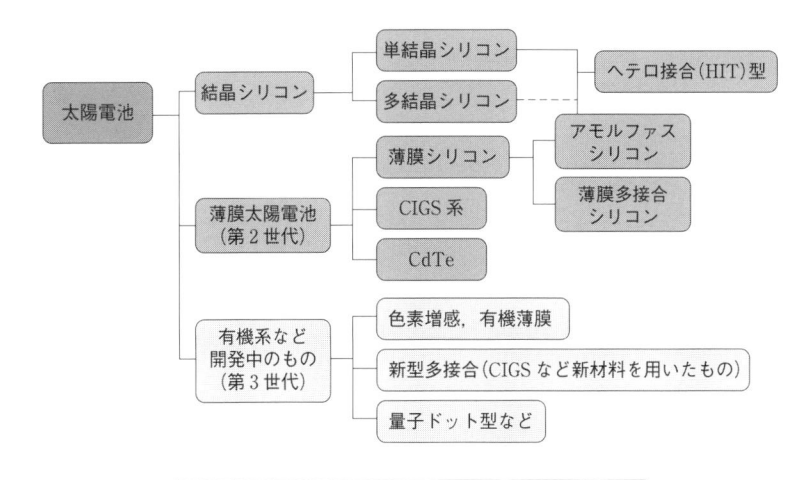

図6・7 太陽電池の材料・開発年代による分類[6]

マ分解しガラス基板上に蒸着させる方式をとっている．このため製造工程が比較的簡単で製造温度が比較的低く（製造に必要なエネルギーが少ない），薄膜化が可能（使用材料が少ない，大面積化が可能）などの利点を持ち，低コスト化が可能となっている．さらに高効率化に向けた工夫として，アモルファスシリコンと結晶シリコンを接合させた**ヘテロ接合（HIT）型太陽電池**や，異なるバンドギャップを持つ発電層を積層させた**積層型太陽電池**，さらには半導体微細加工技術を応用した**量子ドット太陽電池**など，さまざまな方式が実用化に向け開発されている．

近年はシリコン系太陽電池とは異なる材質の太陽電池の開発も盛んである．半導体にはSiを代表とするIV族半導体の他に，GaAs（ガリウム-ヒ素）やInP（インジウム-リン）などのIII-V族化合物半導体，CdTe（カドミニウム-テルル）などのII-VI族化合物半導体があるが，太陽電池の分野でもこれらの**化合物半導体**による素子の開発が現在活発に行われている．一般に，化合物半導体はIV族半導体に比べバンドギャップが大きく，可視光域の吸収係数も大きいため，高効率化には適していると言われている．反面，微量ではあるが人体に有害な物質を含むなど，設備の廃棄時に処理コストがかかる可能性が指摘されている．

また，近年低コスト化の切り札として期待されているのが**色素増感太陽電池**などの有機系太陽電池である．最も代表的な色素増感太陽電池は，光触媒と

しても知られている多孔質酸化チタン膜を用いており，この周りにルテニウム金属錯体などの色素が吸着されている構造を取っている．色素が太陽光を吸収すると電子が励起され，一方，対向電極には酸化還元反応を活性化する触媒が形成されているため，電極間に酸化還元性電解質を浸透させることにより電池が構成され，電気エネルギーとして外部回路に取り出すことが可能となる．色素増感太陽電池は，半導体系の太陽電池と異なり，大規模で複雑な製造装置が不要で製造に必要なエネルギーやコストが大幅に低減できる可能性があること，プラスチック膜などフレキシブルな材料を用いることができ多様な形状に対応でき軽量なこと，などの利点を持つ．反面，現時点では効率が低く耐久性も低いことなどが挙げられる．

〔3〕太陽電池の電気的特性と制御方法

太陽電池の電圧-電流特性（I-V曲線）を図6・8に示す．ここでV_{OC}は開放電圧，I_{SC}は短絡電流である．図に見る通り，太陽電池は電圧を高く取りすぎると電流が急激に減少し，電流を大きく取りすぎると電圧が急激に低下するという特徴をもつ．また，この曲線において最大出力を得る最大動作点Mは，点Mから横軸および縦軸に降ろした垂線の足A，Bおよび原点Oからなる長方形の面積が最大になる点にほかならない．同図には電圧-電力特性（P-V曲線）も示してあるが，この形状からわかるように，ある一定の日射量や温度に対して最大出力$P_{\max}$を得ることができる電圧は，ただ一つであることがわかる．これが**最適動作電圧**である．I-V曲線およびP-V曲線は日射量や温度によって時々刻々と変化するため，太陽電池の性能を最大限活かすためには，時々刻々と変化する最適動作電圧に常に自動的に追従できるようにしなければならない．これを**最大出力追従制御**といい，この

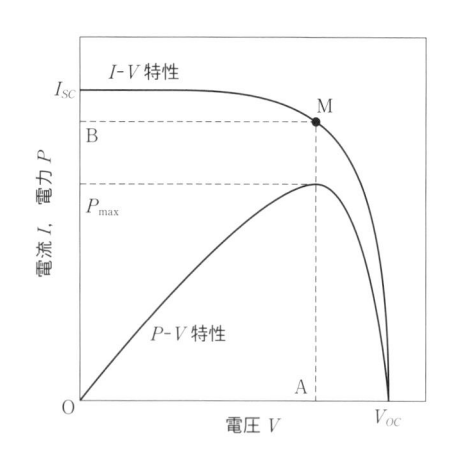

図6・8 太陽電池のI-V特性およびP-V特性

役割は次項で詳述する**パワーコンディショナ**が担っている．

〔4〕太陽光発電システムの構成と系統連系

現在の太陽電池の多くは15 cm角程度の**セル**と呼ばれる最小構成単位からなっており，セルを数十個直並列にまとめ，一つのパネルに組み合わせたものを**モジュール**，モジュールを何枚か直列接続したものを**ストリング**，ストリングを数セット並列接続したものを**アレイ**と呼ぶ（図6·9参照）．太陽電池のセル自体の出力電圧は通常数百mV〜1 V程度であり，後述のパワーコンディショナの入力に適した電圧（例えば50 V，100 V）にするために各セルやモジュールは直列接続されている場合が多い．家庭用ではモジュールが数〜十数枚程度のものが多いが，近年我が国でも建設が盛んになっている**メガソーラー**の場合は，数十万枚にも及ぶ場合がある．

太陽電池の出力は直流であるため，電力系統と**系統連系**して電力を**逆潮流**[*5]させる場合，電力系統の運用や安全に悪影響を及ぼさないように電力品質を維持したり，さまざまな保護機能を装備した上で接続しなければならない．それを担

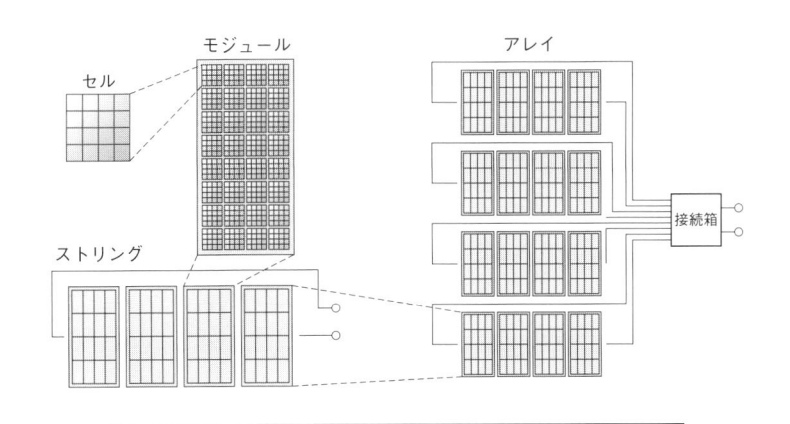

図6·9 太陽電池のセル，モジュール，ストリング，アレイ

---

*5 従来の電力系統では，電力の流れ（潮流）は，発電所から需要家に向かって常に一定方向であった．しかし，配電線の末端に太陽光発電などの分散型電源が加わった場合，電力の流れが逆方向に向かう場合もある．これが「逆潮流」と呼ばれる所以である．

うのが**パワーコンディショナ（PSC）**[*6]と呼ばれる電力変換器である．一般的な太陽光発電システムの構成を図6・10に示す．

パワーコンディショナは通常，**昇圧チョッパ**[*7]（DC/DCコンバータ）部と**インバータ**部に分類される．昇圧チョッパは，変動する太陽電池の出力電圧を**絶縁ゲートバイポーラトランジスタ（IGBT）**[*8]などの電力用半導体スイッチング素子を用いて制御し，前節で説明した**最大出力追従制御**を行っている．インバータは直流から三相交流正弦波を生成する役目を果たしており，通常IGBTなどのスイッチング素子を用いた**パルス幅変調（PWM）**による電圧形電流制御インバータが用いられることが多い．

太陽光発電システムには，このほかに逆流防止素子，サージ防護デバイス（SPD）を含む接続箱，系統とパワーコンディショナの間に挿入される遮断器・保護継電器などの保護機器[*9]を具備している．また，変圧器，分電盤，売電用・買電用電圧計，受変電設備（2 000 kW以上の設備の場合），必要に応じて蓄電池，データ収集装置，表示装置などがシステム構成要素に含まれる．太陽光発電を電力系統に系統連系する際には，電力系統の安定度・信頼度を低下させないために，さまざまな対策を施さなければならない．

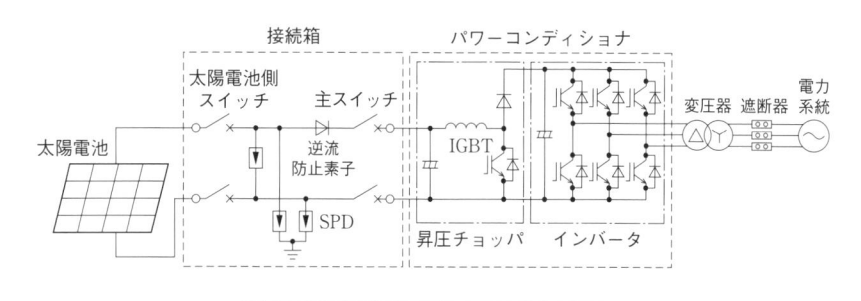

図6・10 太陽光発電システムの構成例

[*6] 直流を交流に変換するインバータ（逆変換）回路を持つことから，単に「インバータ」と呼ばれることもある．

[*7] チョッパ，コンバータ，インバータなどのパワーエレクトロニクス機器に関する詳細は，OHM大学テキスト『パワーエレクトロニクス』を参照のこと．

[*8] IGBTなどのスイッチング素子に関しては，OHM大学テキスト『半導体デバイス工学』を参照のこと．

[*9] SPDや遮断器などの保護機器に関しては，11・4節を参照のこと．

6・3 風力発電

風力エネルギーの動力利用の歴史は非常に古く，最も古い風車の文献は紀元前2世紀のペルシアまで遡ることができると言われている．世界初の発電用風車[*10]の発明は，諸説あるものの，19世紀末のスコットランドのJ.ブライスであるという説が最も有力である．以来，さまざまなタイプの発電用風車が試験的に開発されてきたが，実際に売電用として商用利用されるようになったのは，1970年代以降のデンマークにおいてである．

〔1〕風力発電の開発動向

風力発電は，20%以上の年成長率を維持しながら発展して続けており，現在，世界で最も成長が著しい発電方式であると言える．図6・11に見るように，世界中で設置されている風力発電は2016年末時点で約490 GW（4.9億kW）となり，さらにそこから発電される電力量の合計は840 TWhとなる．これは世界の原子力発電の年間発電電力量の約3分の1まで達している．また，国別の比較で見ると，図6・12に見る通り，近年成長の著しい第1位の中国および第2位の米国で

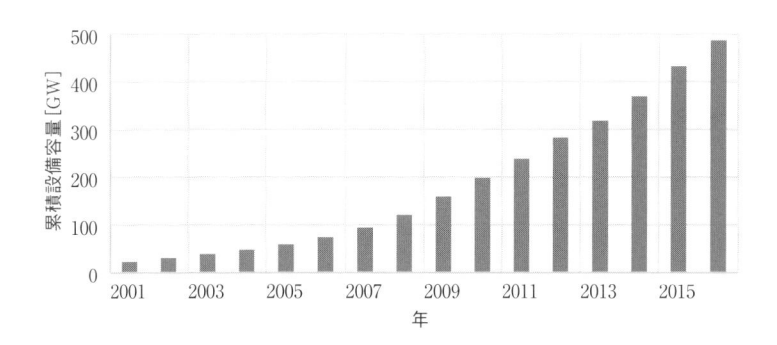

図6・11 世界の風力発電の累積設備容量の推移（GWEC : Global Wind Statistics 2016[7]）を元に作成）

[*10] 英語では一般に，動力利用の古典的風車をwindmill，発電用の現代的風車をwind turbineと呼ぶが，日本語では両者は特に区別されず「風車」と呼ばれている（特に後者は日本工業規格（JIS）で規定されている）．したがって本書でも「風車」という用語を用いることとする．

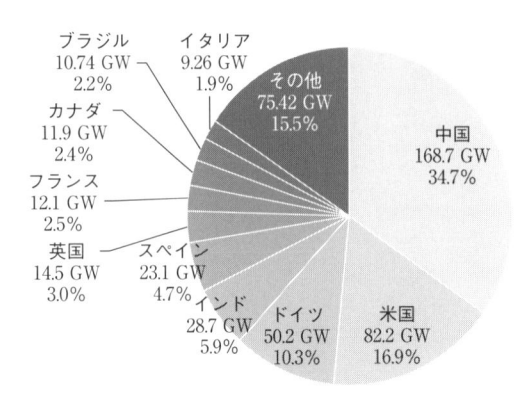

図6・12 2016年末における世界の風力発電の国別シェア（GWEC：Global Wind Statistics 2016[7]を元に作成）

全世界の約半分のシェアを占めていることがわかる．ただし，仮にEUを一つの国と見なすと，EU28ヵ国の合計は32%で僅差の第2位となり，中国と欧州で熾烈な開発競争を繰り広げていることがわかる．

我が国での導入状況を概観すると，2011年末までの累積設備容量が2.5 GW（320万kW）であり，世界シェアの0.7%，第19位の地位に甘んじている．また，地域別では風況のよい北海道と東北で全体の40%近くを占めているが，一方，電力需要が集中する首都圏や中部・関西地方の導入が少ないという地域的偏在性も生じている．

〔2〕風力発電の機械的原理

現在，発電用として最も多く用いられている3枚翼**プロペラ形**の**水平軸風車**の外観と構造を**図6・13**に示す．風車のサイズは年々大型化し，1980年代頃には定格出力750 kW程度でハブ高さ20 m程度のものであったが，現在主流の2 MW風車となるとハブ高さ80 m，**翼（ブレード）**長60 mを越すものとなっている．さらには，洋上風力発電用の次世代風車となると，定格7 MW，ハブ高さ150 mもの超大型機も現在試作されている．風車にはその他にも，多翼式水平軸風車，ダリウス形**垂直軸風車**，ジャイロミル形垂直軸風車などバラエティに富み，それらの多くは小型風車として用いられている．

エネルギー変換装置としての風車は，自然風の運動エネルギーを風車翼の回転

6・3 風力発電

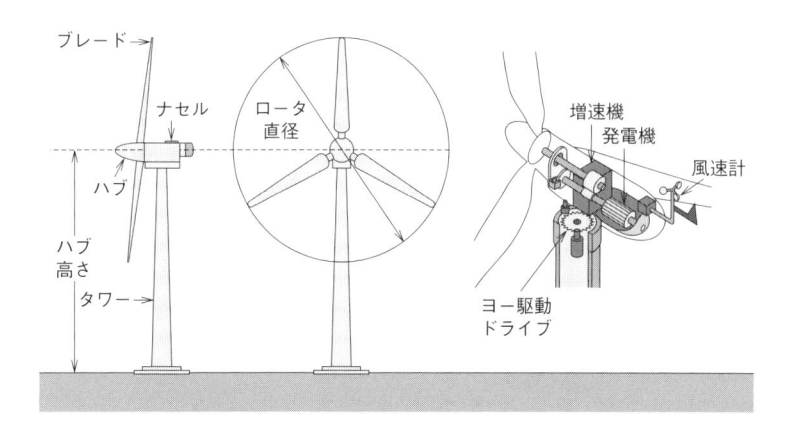

図6・13 一般的な発電用大型風車の外観と構造

運動に変換し，さらに発電機を用いて電気エネルギーに変換する装置である．今，風速 V [m/s]，空気密度を ρ [kg/m³]，風車**受風面積**（回転する翼が掃把する面積）を A [m²] とすると，風車が得られる機械的パワー P [Nm/s] は，次式で与えられる．

$$P = \frac{1}{2} C_p \rho A V^3 \tag{6・1}$$

で表される．ここで C_p は一般に**パワー係数**と呼ばれる効率であり，理論的最大値は 0.593，プロペラ風車で最大 0.45 程度となっている．上式から，風車が得ることのできる機械的パワーは受風面積（プロペラ形の場合は翼長の2乗）に比例し，風速の3乗に比例することがわかる．風車に入力された機械的パワーは，その後ギアボックス（増速機）などの機械的損失，発電機およびコンバータ（後述）の電気的損失などが差し引かれ，電気的出力 P_{out} [kW] として電力系統に出力される．

〔3〕風力発電の電気的特性

図6・14に一般的な風車の**出力曲線（パワーカーブ）**を示す．式(6・1)に示した通り，風車の電気的出力は風速の3乗に比例するが，風車に搭載する**風力発電機**の出力は定格値を持つため，定格出力を超えるような**定格風速**以上

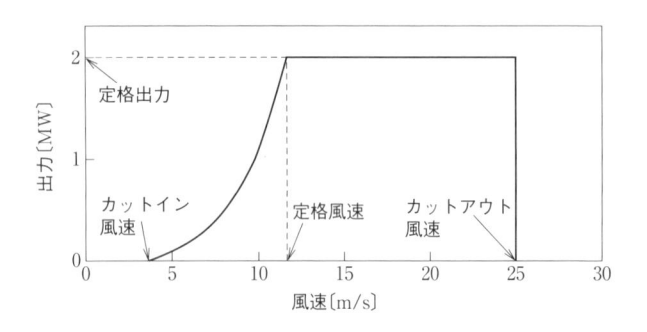

図6・14 風車出力曲線（風速と出力の関係）

の風速の場合は，ブレードのピッチ角を変えることで適度に失速させ出力を一定にする制御をとるが大型風車では一般的である．一般的な定格風速は 12 m/s であることが多い．また，風速が低い場合は運転を止め，ある程度の風速になった段階で発電を開始する．この風速を**カットイン風速**と呼ぶ（通常は 4 m/s 程度）．さらに，強風の場合も安全のため運転を停止する．この風速を**カットアウト風速**と呼ぶ（通常は 20〜25 m/s 程度）．

風車の建設位置が決定する際には，そのサイトの年間風況と図6・14のような出力曲線を掛け合わせて，年間の出力電力を算出する．一般に，風車の**（時間）稼働率**および**設備利用率**は下記のような式で表すことができる．

$$時間稼働率〔\%〕 = \frac{年間発電時間〔h〕}{年間暦時間8\,760〔h〕} \times 100 \quad (6・2)$$

$$設備利用率〔\%〕 = \frac{年間発電電力量〔kWh〕}{定格出力〔kW〕 \times 年間暦時間8\,760〔h〕} \times 100 \quad (6・3)$$

風車の稼働率および設備利用率は風車システムおよびその設置サイトの特性を評価する上で重要な指標である．年間の発電時間や発電電力量は，単にその風車の機械的・電気的性能だけでなく，設置するサイトの風況（年平均風速）に大きく依存するため，風車のサイト選定に当たっては充分な風況観測や数値解析による評価が必要である．また，サイトによっては，乱流や突風，あるいは台風や雷，氷結などの過酷な自然環境により故障・事故率が増加する可能性もあり，これらを低減させることも稼働率や設備利用率の向上に不可欠である．一般に，年

6・3 風力発電

平均風速が 6 m/s 以上のサイトであれば風車の設備利用率が 20% 以上となり，事業採算性があるとされている．

図 6・15 に現在一般的な大型風車の電気的構造を示す．初期の風車は単純な**かご形誘導発電機**[*11]（タイプ I）や**巻線形誘導発電機**（タイプ II）を搭載し

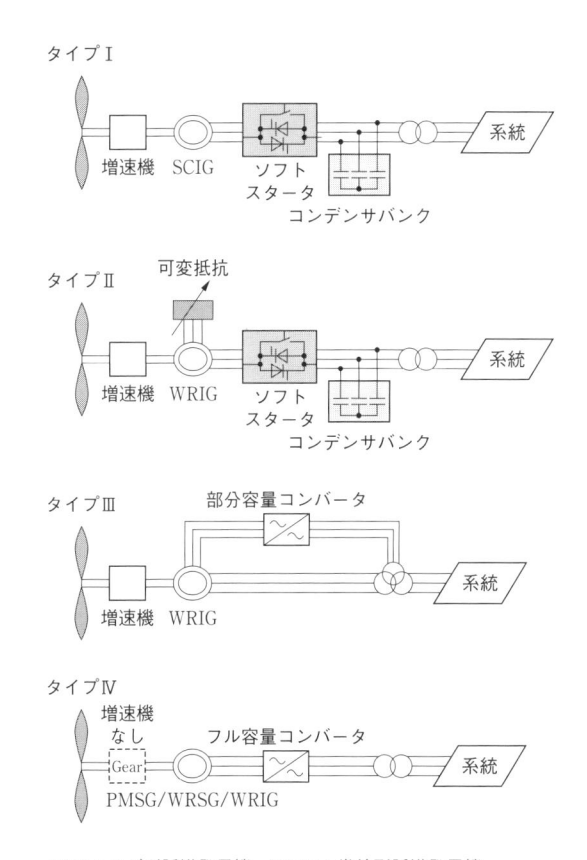

SCIG：かご形誘導発電機，WRIG：巻線形誘導発電機，
PMSG：永久磁石方式同期発電機，WRSG：巻線形同期発電機

図 6・15 発電機およびコンバータを含む風車の電気的構成[8]

---

*11 一般的な発電機の種類や構造に関しては OHM 大学テキスト『電気機器学』を参照のこと．

たものが多く，現在でも多くの風車が現役で使われている．このようなタイプは構造が単純で安価で堅牢性があるという利点も持つが，発電機回転子の周波数と系統周波数が（わずかなすべり以外は）固定されており，かつほとんど制御ができないため，入力される自然風が変動すると系統に悪影響を及ぼしやすいという欠点がある．一方，図6・15のタイプⅢでは誘導発電機の回転子側二次巻線に**パワーエレクトロニクス技術**[*12]を駆使した**コンバータ（電力変換器）**が挿入され，このコンバータで回転子の周波数を制御しながら同時に部分的に（一般に定格の30%程度）系統にもエネルギーを供給するという方式がとられている．この方式は**二重給電誘導発電機（DFIG）**と呼ばれ，現在の風車では最も多く使われている方式である．また，図6・15のタイプⅣでは，**永久磁石方式同期発電機**が用いられている．この方式の特徴は，発電機一次側（固定子側）にフル容量のコンバータが挿入され，すべての発電機出力の制御が広い範囲で行えること，多極式の発電機を用いた場合，機械的回転数を上げるための増速機（ギアボックス）が不要となり機械構造が簡素化・軽量化できること，などが上げられる．この方式もタイプⅢについで近年盛んに導入されている方式である．

　上記のタイプⅢやタイプⅣのようにコンバータを有する風車は，高い制御性能を持ち，電力系統に**系統連系**する際に多くの利点を持つこととなる．従来の誘導発電機による風車（タイプⅠ，Ⅱ）は，誘導発電機固有の欠点である突入電流や無効電力の発生が存在し，電力系統に悪影響を及ぼしていたが，タイプⅢおよびタイプⅣではこのような問題点はほぼ解消されている．最新の風車の制御性と系統への影響については，15章でも言及する．

6・4 バイオマス発電

　バイオマスは人類有史以来の古くて新しいエネルギー源であり（焚き火などに代表される従来の形態は「伝統的バイオマス」とも呼ばれる），その原料や利用形態は多岐に亘る．現在の定義としては，「電気事業者による再生可能エネルギー電気の調達に関する特別措置法」（2012年7月施行）において「動植物に由来

[*12] コンバータおよびパワーエレクトロニクスの詳細に関してはOHM大学テキスト『パワーエレクトロニクス』を参照のこと．

する有機物であってエネルギー源として利用することができるもの」と定義されている．バイオマス資源は燃やすとCO_2を排出するが，植物成長過程で光合成により大気中のCO_2を吸収するので，**カーボンニュートラル**とみなされる．近年は農林水産業から発生する廃棄物（家畜排泄物や間伐材）の利用だけでなく，はじめから燃料用として栽培・培養されるもの（バイオエタノール，微生物発電）も登場し，その方式や応用は極めて多岐に亘っており，再生可能エネルギーとしての潜在力は高く評価されている．

世界のバイオマスの発電利用は2011年の年間発電電力量が422 TWhと，再生可能エネルギー電源の中では水力発電，風力発電について第3位の地位を占めている．国別で見ると，アメリカ合衆国が過去10年以上首位を独走し，2009年末の段階では，ドイツ，ブラジル，日本，スウェーデンと続いている．また，統計データでは現れにくいが，途上国での利用とその比率が多いのも，他の再生可能エネルギーにはない特徴である．アメリカ合衆国では主に固形バイオマス（農産物廃棄物）を石炭あるいはガスと混焼する発電方式が主流である．また，近年はブラジル，さらに中国の成長度が目覚ましい．バイオマスの市場は特にEUにおいて成熟しており，特にフィンランドでは，発電電力量の総量こそドイツやスウェーデンに劣るものの，国内の消費電力量の20%を主に木質バイオマスによる発電が占めている．ドイツでもバイオマスは国内消費電力量の6.7%に達し，風力発電に次ぐ再生可能エネルギー源となっている．

我が国では，バイオマス発電の累積設備容量は2010年3月現在で1.9 GW（190万kW）となっている．ただし，我が国では統計上は廃棄物発電もバイオマス発電として分類されており，木質バイオマスや家畜糞尿など農林業由来のバイオマス資源による発電はこのうち7%程度しかないことに留意すべきである．

バイオマスの燃焼熱を利用する発電は，従来の石炭や石油による汽力発電とまったく同じ原理である（汽力発電に関しては3章を参照のこと）．しかし，バイオマス燃料は一般に含水率が高いために，石炭などの化石燃料に比べ単位重量あたりの発熱量が低いという短所を持つ．発電効率も現在主にアメリカ合衆国で普及している石炭混焼発電では20%であり，化石燃料による発電に比べ低くなっている．汽力発電用のバイオマス燃料としては，麦わらやおがくずなどの農産物廃棄物，間伐材ペレットなどの林業廃棄物，都市廃棄物のうち生化学分解でき可燃性のもの，などが含まれる．

近年では，バイオガスによるガス化複合発電も開発され，その原理や構造はコンバインドサイクルガスタービン（CCGT）とほぼ同様である．バイオガス原料としては，木質由来の黒液ガス，微生物由来のメタンガス，穀物由来のエタノールガスなど多岐に亘る．また，藻や微生物の光合成を利用した直接発電など新しい技術も研究段階ではあるが提案され，実用化が期待されている．

なお，本書の範囲外であるが，熱利用に関しても短く述べておきたい．バイオマスは発電用よりもむしろ熱利用の方が欧州などでは注目されており，エネルギー生産量多い傾向がある．また，熱利用と発電を組み合わせた**コージェネレーション（熱電併給）**による効率的なエネルギー利用形態が取りやすいのもバイオマスの特徴である．

6・5 その他の再生可能エネルギー

上記で取り上げていない再生可能エネルギーについて短く概観する．

太陽熱発電は，太陽光を太陽炉で集光し局所的に高温にした水蒸気を利用するもので，基本構造としては汽力発電と同一である．ただし，太陽光を効率よく集光するためには数百枚以上の鏡を用いて集光する必要があり，数10 MWとメガソーラー並みに大規模なものが多い．また，小規模なものでは，発電用途ではなく家庭用温水器などのような熱利用の用途もあり，技術的には比較的確立している．

地熱発電は，地球のマグマからの熱（通常，水蒸気）を利用するもので，再生可能エネルギーのうちに分類されている．地熱発電はすでに技術的に確立されており，2010年末時点で全世界で累積設備容量11 GWが建設され，その内の約4分の1が第1位のアメリカ合衆国に存在する（第2位はフィリピン，第3位はインドネシア）．我が国では1960年代より本格的に商用運転が開始され，現在約世界第9位の540 MW（54万kW）の設備容量を有しているが，地熱発電に有利なサイトの多くが国立公園内に存在することから主に環境や景観への配慮のため，1970年以降は建設されていない．しかし，近年地熱発電に対する再評価の機運が高まり，規制緩和などを受け国内でも新規発電所の計画が進んでいる．

海洋エネルギーのうち，**潮力発電**は，月などの天体の運行により発生する潮汐力を利用するもので，これまでフランスとカナダで十数MW程度の実証試

験が行われている．**波力発電**は，風によって引き起こされる波であるため，太陽エネルギーの二次利用と位置づけられる．波力発電も現時点では研究段階であり，これまで数百 kW 程度の実証実験が行われている．潮力発電と波力発電は，基本的にエネルギー媒体（海水）の流れる方向が 2 方向であるため，直線運動のシリンダーを用いるタイプと回転運動のタービンを用いるタイプなどに分類される．また，**海洋温度差発電**は，海洋の表層温海水（20～30℃）と深層（数百～1 000 m 程度）冷海水（3～8℃）による温度差を利用して，熱エネルギーを電気エネルギーに変換する発電システムである．現在，日本，インド，米国（ハワイ）などを中心に数百～千 kW の実証機が運転されている．

6・6 再生可能エネルギーの問題点と課題

　再生可能エネルギーの技術はさまざまであり，すべてに共通する問題点や課題を挙げるのは難しいが，代表的な問題点としては，主に（ⅰ）発電コストが高いこと，（ⅱ）出力が変動すること，（ⅲ）エネルギー密度が低く，大量に導入するには多くの設置面積が必要なこと，の 3 点が挙げられる．

　まず，発電コストに関しては，図 6・2 で概観した通りであるが，単純に現在のコストが高いことそのものが問題点ではないことに留意すべきである．6・1 節でも述べた通り，コストは将来得られる便益（二酸化炭素排出抑制，エネルギー自給率の向上，雇用創出など）に対して高いか低いかが議論されるべきであり，むしろコストや便益の算出方法の透明化・精緻化や負担・分配方法の公平化が今後の課題であると考えられる．もちろん，コスト低減には今後のさらなる技術革新も必要である．また，太陽光発電や風力発電などは，出力が天候に依存する**変動電源**であるが，欧米ではこのような変動電源を電力系統に大量に導入する技術が既に実用化されている．この対策については 15・1 節〔4〕で詳しく述べる．さらに，エネルギー密度が低い故に多くの設置面積が必要なことは事実であるが，分散型電源であるという性質を活かせば，未利用地に分散配置することは可能であり，経済産業省や環境省が発表した試算でも，我が国の狭い国土でも充分な潜在供給量を得ることが明らかになっている．

　個別技術の課題としては，風力発電は騒音や景観の問題，バードストライクなどが挙げられる．ただしこの問題は風力発電に限ったことではなく，ほとんどの

科学技術（例えば自動車，航空機，工場，高層ビルなど）にも共通する問題であり，技術的な克服だけでなく，社会的受容性や規制のあり方など社会的制度的な解決アプローチも必要である．また，太陽光発電は高効率化や低コスト化が課題として挙げられ，バイオマスは主に農林業の産業育成や国土保全計画などとの連携が必要とされる．

このように，再生可能エネルギーの現在抱える問題点は，決して技術的に解決不可能な致命的な欠点ではなく，今後の研究開発の発展や制度的障壁の解消により，充分解決可能なレベルに達しつつある．もちろん，現時点ではさまざまな克服すべき課題が残されていることは事実であり，今後多くの研究者や技術者によるたゆまぬ研究開発が必要である．

演習問題

1 各種太陽電池材料の最新の学術研究動向や産業界の開発動向を詳しく調査せよ．調査にあたっては，宣伝色の濃い企業の記事や参考文献が不明瞭な無記名記事は避け，具体的な参考文献を挙げながらできるだけ客観性の保たれた最新の情報を調査すること．

2 大型風車の構成要素（ブレード，増速機，発電機，コンバータなど）の最新の学術研究動向や産業界の開発動向を詳しく調査せよ．

3 バイオマス，太陽熱発電，地熱発電，潮力発電，波力発電など再生可能エネルギー技術全般の最新の学術研究動向や産業界の開発動向を詳しく調査せよ．

4 定格出力 4 MW のメガソーラー発電所が年間 5 256 MWh 発電した．この発電所の設備利用率を求めよ．

5 定格出力 1 MW の風車 10 基からなるウィンドファームが 30% の設備利用率を持つとする．このウィンドファームは年間何世帯分の電力量をまかなうことができるか？（1世帯あたりの年間消費電力量は 3 600 kWh で計算せよ．）

7章 輸送設備の概説

6章までで電力の発生（発電）に関する説明を終え，これからは輸送（送配電）について述べる．ここでは，交流送電の基本について学ぶ．まず，電圧の種別について概説した後，どのようにして電力量を調整するか，発電機の速度はどのように維持されるのか，送電時にどの程度の電圧降下があるか，などについて学ぶ．また，電力輸送設備に求められる特質についても学ぶ．

7・1 交流送電の基本特性

まず，電圧の種別について説明する．我が国においては保安上の観点から，電圧は表7・1のように区分されている．

また，低圧配電電圧は，電気事業法により，100 V 級は **101 V±6 V**，200 V 級は **202 V±20 V** に維持することを義務付けられている．送配電電圧についても，電気規格調査会規格（JEC 規格）で定められた公称電圧を維持するように運用されている．したがって，電力系統の計算の多くは電圧が定格値からあまり変化しないことを前提にしている．

次に電力の調整について，直流との比較から説明する．図7・1は，二つの直流電源 E_1〔V〕と E_2〔V〕が抵抗 R〔Ω〕の送電線で接続された回路である．ここで，E_1 から E_2 に電力を輸送する場合は，$E_1 > E_2$ とすれば，図の方向に電流 I_1 が流れ，電力 $P_1 = E_1 \cdot I_1$ が輸送される．ここで，

表7・1 電気設備技術基準による電圧の区分

電圧の区分	直流	交流
低圧	750 V 以下	600 V 以下
高圧	750 V を越え 7 kV 以下	600 V を越え 7 kV 以下
特別高圧（特高）	7 kV を越えるもの	7 kV を越えるもの

図7・1 直流回路

図7・2 交流送電の基本回路

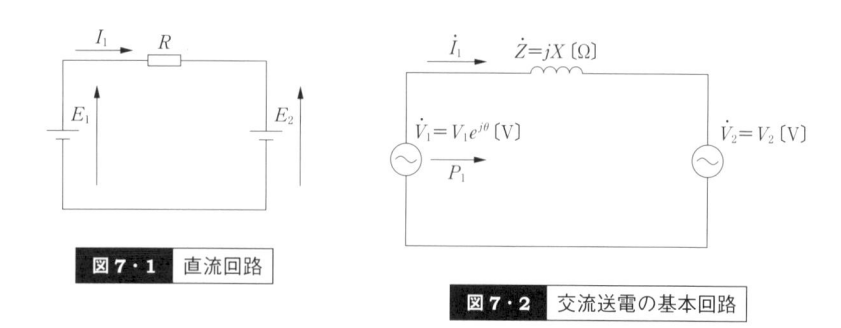

$$I_1 = (E_1 - E_2)/R \tag{7・1}$$

だから，E_1 を増加させれば，電流が増加し，輸送される電力も増加する．

次に，交流の場合について検討する．図7・2に交流送電の基本回路を示す．交流送電線路では，抵抗分とリアクタンス分の両方を考える必要があるが，実際の電力系統では送電損失を低減するために抵抗を低く抑えているので，電流は主にリアクタンスで決まる．したがって，近似的にリアクタンス分のみを考慮した回路で検討する．電力系統の交流回路の計算では，振幅の他，位相についても考慮しなければいけないので，古くから複素数を用いた計算を用いる．図の右側の電源 $\dot{V}_2$ を位相の基準とし，左側の電源 $\dot{V}_1$ の位相が θ [rad] 進んでいたとすると，それぞれの電源は，

$$\dot{V}_1 = V_1 e^{j\theta} \tag{7・2}$$
$$\dot{V}_2 = V_2 \tag{7・3}$$

と表される．ここで，複素数の大きさが電圧の実効値，位相が電圧の位相を表している．$\dot{V}_1$ からの電流 $\dot{I}_1$ は，

$$\dot{I}_1 = (\dot{V}_1 - \dot{V}_2)/jx \tag{7・4}$$

となる．交流には，有効電力と無効電力があるが，ここでは直流と共通の有効電力のみに注目すると，$\dot{V}_1$ から送電線で輸送される有効電力 P_1 は，

$$P_1 = \frac{V_1 V_2 \sin\theta}{x} \tag{7・5}$$

となる．交流送電では，各地点の電圧はほぼ定格値に維持されているので，式 (7・5) の V_1，V_2 は常に一定であり，有効電力は主に二つの電源の位相差と送電線のリアクタンスによって決まる．

$$P_1 = \frac{V_1 V_2 \sin\theta}{x}$$

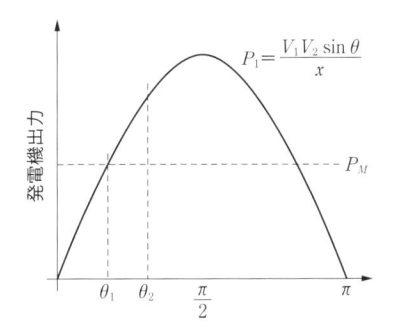

図7・3 電力相差角曲線

　式(7・5)が，電力系統の発電機がすべて同期して回転する仕組みを表している．図7・2は左側の電源を一機の発電機，右側の電源はその発電機以外のすべての発電機を一つの容量の大きい等価電源（**無限大電源**）に置き換えたものと考えることができる（一機無限大系統）．この時，P_1は発電機の出力となる．損失が無視できるとすると，定常状態では，発電機の出力（回転子の減速力要素）とタービンからの機械入力P_M（回転子の加速力要素）はバランスしている．図7・3にその特性を示す．式(7・5)からわかるように発電機出力は位相が大きくなると増加し，位相差が$\frac{\pi}{2}$の時に最大となり，それ以降は減少してπの時0になる．この値と機械入力P_Mが等しくなる，$\theta = \theta_1$の点が定常状態である．今，何らかの理由で発電機の回転速度が無限大母線側の速度（同期速度）よりも速くなり，発電機回転子の相対的位置が進んで位相がθ_2になったとする．この時，機械入力（加速力）より発電機出力（減速力）が大きくなるので，加減速のバランスが崩れ，減速力が大きくなるので，回転子は減速する．やがて回転速度が同期速度より低くなると回転子の位相差は減少に転じる．位相差がθ_1より小さくなれば逆に加速される．最終的には最初の定常状態に戻り，発電機は他の発電機と同じ同期速度で運転を続けることになる．

　一般に同期発電機の位相θの変化に対する出力p_gの変化率，すなわち，$\frac{dp_g}{d\theta}$を**同期化力**と呼ぶ．発電機が同期速度で運転を維持できるのは，$\frac{dp_g}{d\theta} > 0$の時

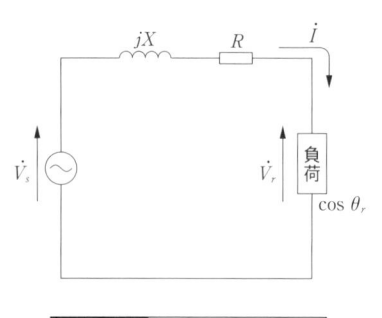

図7・4 電力系統等価回路

である．図7・3では$\theta < \dfrac{\pi}{2}$の範囲である．

次に送電線による電圧降下について説明する．**図7・4**は電源と送電線と負荷で構成される電力系統の等価回路である．送電線はリアクタンスXと抵抗Rで模擬する．また，負荷の力率は$\cos\theta_r$とする．この時の電圧降下を求めるには，複素平面に電圧，電流ベクトルを描いて解く方法が用いられる．**図7・5**に送電線の複素ベクトル図を示す．以下，作図の手順を説明しながら，電圧降下を求める．まず，位相の基準とする負荷端の電圧$\dot{V_r}$を描く（①）．次に，負荷電流ベクトルとして，$\dot{V_r}$に対して位相がθ_r遅れた$\dot{I}$を描く（②）．これらのベクトルは，実際の電圧，電流波形の大きさと位相に対応している．図7・5の$\dot{V_r}$と$\dot{I}$は，時間領域では，**図7・6**の電圧v，電流iとなる．すなわち，波形の実効値がベクトルの長さを，波形間の位相差θを，ベクトルのなす角θで表わしている．送電線の抵抗Rに発生する電圧$\dot{I}R$は$\dot{I}$と同位相だから$\dot{I}$と平行なベクトルとして$\dot{V_r}$の先端から描く（③）．また，リアクタンスXに発生する電圧$\dot{I}\cdot jX$は$\dot{I}$に対して$\dfrac{\pi}{2}$位相が進むから$\dot{I}R$に対して$\dfrac{\pi}{2}$左回転したベクトルになる（④）．電源電圧$\dot{V_s}$は，$\dot{V_r}$に$\dot{I}R$，$\dot{I}\cdot jX$を足したものだから，原点から，$\dot{I}\cdot jX$のベクトルの先へ伸ばした線が電源電圧ベクトルに$\dot{V_s}$なる．ここで，直角三角形において，角δが小さければ，斜辺の長さ（すなわちV_sの大きさ）と，長辺の長さ（すなわち，$V_r + IR\cos\theta + IX\sin\theta$）はほぼ等しいという性質があるので，送電線による電圧降下，すなわち，電源電圧と負荷端の電圧の差は，

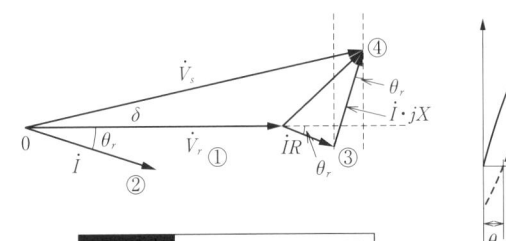

図7・5 電圧電流ベクトル図

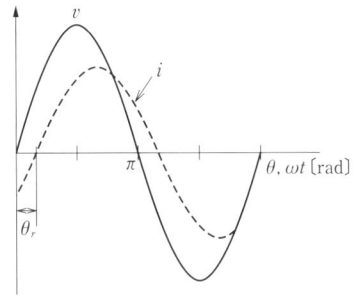

図7・6 電圧電流波形

$IR\cos\theta + IX\sin\theta$ で近似できる．この式は，実用上大変有効な近似式である．

ベクトルを用いて進相無効電力が多い時に発生するフェランチ現象について説明する．一般に負荷端の電圧は，送電端の電圧より低くなるが，ケーブル系統のように静電容量が大きい系統や，負荷側に進相キャパシタなどが設置された系統で，軽負荷状態になると，送電端の電圧より負荷端の電圧が高くなる場合がある．これを**フェランチ現象**と呼ぶ．

図7・7にフェランチ現象が発生する系統の一例を示す．簡単のために負荷にのみキャパシタンス成分がある場合で考える．この場合，負荷が小さければ，負荷電流とキャパシタ電流の合成 $\dot{I}$ は，ほとんどキャパシタ成分となり，位相は電圧位相より $\frac{\pi}{2}$ 近く進む．抵抗 R による電圧降下は電流位相と等しく図7・8のように描くことができる．さらにリアクタンス X（インピーダンス jX）による電圧は電流より $\frac{\pi}{2}$ 進むので，それらを合わせた送電端電圧は図に示すように，受電端電圧より小さくなる．言い換えると受電端電圧が送電端電圧より高くなる．このような現象をフェランチ現象と呼ぶ．

7・2 電力輸送設備に求められる特質

電力輸送設備に求められる特質を考えてみよう．輸送設備としては，（1）損失が少ない，（2）輸送量が多い，（3）品質劣化が少ない，（電圧，波形）（4）

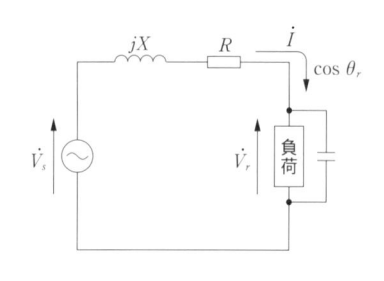

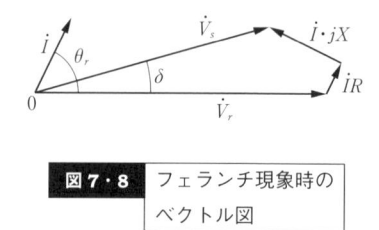

図7・7 フェランチ現象の発生する系統の一例

図7・8 フェランチ現象時のベクトル図

信頼性が高い，（5）寿命が長い，（6）環境負荷が小さい，（7）安全性が高い，（8）コストが低い，などの特性が求められる．

これらの特質が実際の電力輸送設備でどのように考慮されているか見てみる．

（1）損失が少ない

1章で述べたように，電力輸送の損失を減らす方法は送電電圧の高圧化か送電線の低抵抗化である．初期の水力が主流の時代に東部の水力発電を関西地区に送電するため高電圧化が図られた．送電線も導体数を増して抵抗を減らしている．架空送電線については8章，ケーブル送電線については10章で説明している．

（2）輸送量が多い

電力輸送設備の輸送量を制約する要素としては，送電線の熱容量と，安定度上の制約がある．安定度上の制約とは7・1節で述べた同期化力などにより，発電機が安定に運転を継続できる限界の潮流である．我が国では，熱容量よりも安定度による制約で最大可能潮流が決まることが多い．7・1節で説明したように安定度は線路のリアクタンスで決まるので，線路に直列にキャパシタを挿入して等価リアクタンスを減少させ，安定度を向上させて潮流限界を拡大する対策も実施されている．

（3）品質劣化が少ない

電力の品質には，電圧波形（高調波），電圧の変動，瞬時電圧低下，停電など種々の指標がある．変圧器が飽和すると波形がひずみ，高調波が発生する．また，送電線に重潮流が流れると電圧低下が生じる．落雷などによる瞬時電圧低下も問題になる．四国から和歌山への送電に，ケーブル系による電圧変動（過電圧）を解決するため直流送電が採用された（**図7・9**参照）．また，電圧変動対策

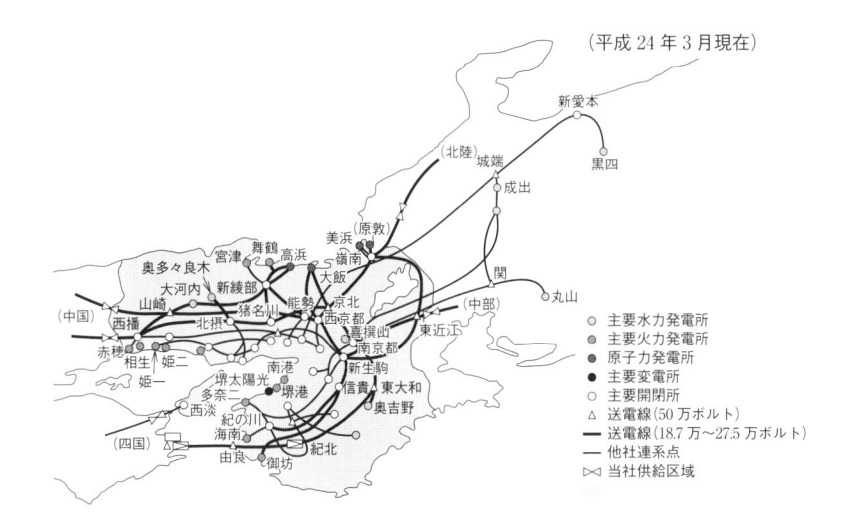

図7・9 実際の電力系統構成の一例（関西電力(株)「電力流通事業本部の概要」の図を改変して引用）

に無効電力補償装置なども使われている．品質劣化には7・1節で述べた電圧解析，11章の変電機器，12章の保護制御システムが重要になる．

（4） 信頼性が高い

社会の基盤である電力系統は一つの故障が発生しても運転を継続できる **N-1信頼度基準** に基づいて設計されている．詳しいことは電力システム工学で学ぶ．信頼度を維持するためには，故障時の動作を把握する必要があり，13章で学ぶ対称座標法や故障計算手法による系統解析も重要である．また，長期的な需要の変動や原子力発電所がすべて停止するような発電状況の変動に関しても柔軟に対応できる必要がある．

（5） 寿命が長い

電力輸送設備は落雷，台風，雪害など厳しい自然環境に直接影響を受けながら，長期間にわたって安定して運転を継続する必要があり，数年の寿命でよい家電機器，情報機器と異なり，30年，40年という寿命を要求される．その仕様には厳しい要求がある．送電線設備機器については，8～11章で詳しく説明する．

（6） 環境負荷が小さい

電力輸送設備は，環境への影響を考慮して敷設される．変電所では，設置面積を小さくするため，11章で述べる変電機器は纏めてガス絶縁の一体的な機器

(GIS）になっている．また，送電線の設置でも，動植物の保全，景観などを考慮する．機器に使用する材料についても環境負荷を考慮して選定される．

（7）　安全性が高い

電力輸送設備では高電圧大電流が扱われるので，公衆に対する安全性が重要である．そのため，鉄塔は高くする必要があり，電線も絶縁被覆で覆う場合もある．鉄塔などの高い工作物の航空機への安全も考慮され，種々の対策が取られている．12章で説明するように，地絡故障などの際は速やかに電力供給を停止する保護システムを備えている．

（8）　コストが低い

コストには，**初期コスト**と**運用保守コスト**がある．初期コストは，運転開始までに発生するコストで，用地コスト，機器コスト，建設コストなどで構成される．運用保守コストは，運転開始後の運用段階で発生するコストで，損失により失われる電力のコスト，保守のコストなどで構成される．電力輸送設備は長い期間使用するので，初期コストが高くても，長寿命で運用コストが低ければ，総合的にはコストが低くなることも多い．

演習問題

1 交流送電の送電（有効）電力を決定する要素を三つ挙げなさい．

2 交流三相3線式1回線の送電線路があり，受電端に遅れ力率角 θ〔rad〕の負荷が接続されている．送電端の線間電圧を V_s〔V〕，受電端の線間電圧を V_r〔V〕，その間の相差角は δ〔rad〕である．受電端の負荷に供給されている三相有効電力〔W〕を表す式を求めなさい．（電験三種平成21年A問題を改変）

3 抵抗分が $1\,\Omega$，リアクタンス分が $5\,\Omega$ の交流送電線がある．その受電端の電圧が $100\,\mathrm{V}$，負荷電流が $5\,\mathrm{A}$ で負荷の力率が 0.8 であった．ベクトル図を描き，送電線の電源側の電圧を求めなさい．

4 フェランチ現象をベクトル図を用いて説明しなさい．

5 電力輸送設備を設計する際に考慮すべき点を五つ以上挙げなさい．

8章 架空送電線

　電力系統は，電力を供給する発電設備とこれを消費する負荷からなるが，両者の間を電気的に接続し，**電力輸送**を行う流通設備が必要となる．流通設備には**送電線**，**変電所**，**配電線**があり，発電所から変電所までの線路を送電線，変電所から需要家までの線路を配電線，と電気事業法で定められている．送電線路は**架空送電線路**と**地中送電線路**の二つに大別されるが，本章では前者の架空送電線路について述べる．後者の地中送電線路（地中ケーブル）については10章を，変電所については11章を，配電線については12章を参照のこと．

8・1 架空送電線路の構成要素

　架空送電は，鉄塔などの支持物で電力線を架空支持し，空気を絶縁体とした送電方式である．架空送電線路の構成要素としては，主に（ⅰ）電線，（ⅱ）絶縁物（がいし（碍子）），（ⅲ）支持物（送電鉄塔），（ⅳ）保護機器，の4要素が挙げられる．この中で（ⅰ），（ⅱ）および（ⅳ）は次節以下で述べることとし，本節では主に（ⅲ）の送電鉄塔の構造と役割について述べる．

　電線の支持物としての送電鉄塔は，電力線を**垂直装柱**するか**水平装柱**するかによって大きく形が異なり，一般に用いられる形状としては図8・1のように，我が国で最も多く用いられる**四角鉄塔**と，主に欧州で多く用いられる**えぼし形鉄塔**が挙げられる．また，通常三相1回線での送電であるため，架空電線は最低3条（および架空地線が1～2条）であるが，送電容量や用地事情，また一つの回線で故障が発生してももう一つの回線で送電を継続するという冗長性の点から，図8・1左図の例に示すような三相2回線（6条）のタイプが現在最も多く用いられている．また，鉄塔は支持物の使用目的から表8・1に示すような**直線形**，**角度形**，**引留形**，**耐張形**などに分類され，がいしの支持形状も**支持がいし**，**懸垂がいし**，**耐張がいし**などに分類される．直線形鉄塔では主に懸垂

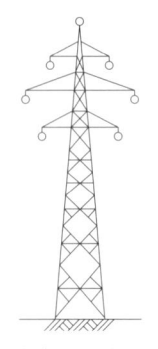

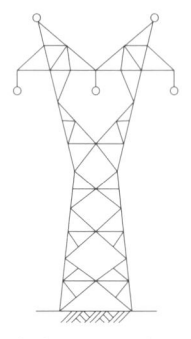

(a) 四角鉄塔　　(b) えぼし形鉄塔

図8・1 送電鉄塔の主な形状

表8・1 支持物の使用目的による鉄塔の主な分類

分類名称	概　　要
直線形	直線部分（電線の水平角度3°以内）に使用する
角度形	電線方向が水平角度で30°以下の箇所に使用する
引留形	線路の始端・終端の支持物として使用する
耐張形	支持物両側の径間差が大きく，著しい不平均張力を生じるおそれのある箇所に使用する

図8・2 主ながいし支持形状（左：懸垂がいし，右：耐張がいし）

がいしが使用され，それ以外の鉄塔では耐張がいしが使用される（図8・2）．支持がいしは主に配電線で用いられる（がいしの分類については8・3節も参照のこと）．

送電鉄塔は154 kV系統では高さ50 m程度，500 kV系統では80 m程度，1 000 kVの超高圧系統では100 m以上にも及ぶ．このような高構造物であるため，特に風圧に対する荷重には充分な安全性が保てるよう義務づけられており，通商産業省（当時）省令「電気設備に関する技術基準を定める省令」および経済産業省から公布されている「電気設備の技術基準の解釈について」で具体的に設計基準が指示されている．

8・2 電線（電力線および架空地線）

架空送電線路の電線には，実際に電力を輸送する線路である**電力線**と，電力線の**雷遮蔽**の役割を持つ**架空地線**とに分類される（雷遮蔽ついては9章を参照）．電力線は通常三相交流電流で送られているため，それぞれの電力線は**相導体**とも呼ばれることもある．電力線は数百〜1 000 kVもの高電圧が課電されているため，充分な長さと絶縁耐量をもつ絶縁物（がいし）によって支持されているが，逆に架空地線は大地と同電位でなければならないため，鉄塔に直接電気的に接続されている（図8・1の模式図参照）．

〔1〕**電線材料**

一般的な電線の材料や構造は多岐に亘るが，架空送電線の電力線用としては，**硬銅より（撚り）線**（HDCC：Hard Drawn Copper Cable），**鋼心アルミより線**（ACSR：Aluminum Cable Steel Reinforced）が主に存在する．アルミは銅に比べ導電率は低いが，価格が安く重量が軽くなるため，現在はもっぱらACSRが多く用いられている．図8・3にACSRの構造図を示す．ACSRは，図8・3に示すように鋼線を中心にアルミ線を外側により合わせた構造となっている．図のように，細い導体を複数本用いより線としているのは，同

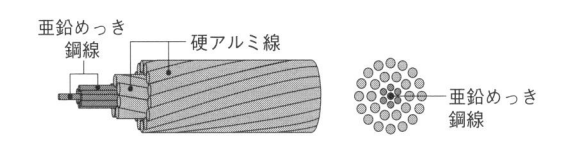

図8・3 鋼心アルミより線（ACSR）の構造図

一断面積の単線に比べ，より線の方が可とう（可撓）性（柔軟性があり曲げても折れにくい性質）が大きいためである．また，アルミの抗張力の不足を補うために，中心部に鋼線が配置されている．

ACSRを従来のHDCCと比較すると，導電率は約60%であるが比重が約30%軽くなるので，同じ抵抗率を得るのに導体半径は太くなるが，重量は軽くなる．したがって，電線の自重が減り長径間に有利となるが，導体半径が太くなるため風雪の影響は受けやすくなる．なお，導体半径が太くなると表面電界が小さくなるのでコロナ放電が発生しにくくなるという有利な点もある．風雪の影響とコロナ放電については本節の後半で詳述する．

電力線の電流容量は，電流を流して高温になった際に引っ張り強度がどの程度保てるかによって定まる．一般の硬アルミ線の連続使用温度は90℃であるが，ジルコニウムなどを微量添加した耐熱アルミ合金線は150℃であり，これを利用した**鋼心耐熱アルミ合金より線（TACSR：Thermo resistance ACSR）**も，近年送電容量の増加のために用いられている．いずれのより線も，日本工業規格（JIS）などで安全性を確保する抵抗率や引張荷重などが厳密に規定されている．

一方，架空地線は電力線を雷から守るために非常に重要な役割を担っており，万一落雷があった場合には数十kAもの雷電流が流れるため，充分な電流容量を持つことが要求される．現在では，アルミ覆鋼線に多回線電力通信機能を持つ光ファイバを組み込んだ**光ファイバ複合架空地線（OPGW）**が用いられている．

〔2〕電線の弛度と荷重

一般に可とう性のあるひもを2点で張るとひもの自重によりカテナリ曲線（懸垂曲線）が形成される．二つの送電鉄塔の間に張られた電線も同様にカテナリ曲線を描くが，このカテナリ曲線によって実際に沈んだ高さは電線の**弛度**と呼ばれる（図8・4）．弛度が大きくなると線路下部の樹木などに接触し極めて危険なため，この設計は重要である．弛度を小さくするには張力を高くすればよいが，支持物（送電鉄塔）の機械的強度を上げなければならないため，経済的に最適な電線張力を考慮しなければならない．また，弛度は温度や氷雪などの付着物によっても変化し，一般に流れる電流や外気温による温度上昇によって導体が伸びる

図8・4 電線の弛度

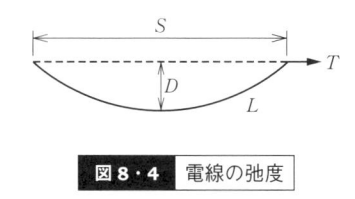

ため弛度は大きくなり，冬季は低温により導体が収縮するため弛度は小さくなるが張力は強くなる．一方，氷雪の多い地域では，氷雪の付着により重量が増し，弛度および荷重ともに冬季に大きくなる傾向がある．氷雪や風圧による荷重は，電線の断線だけでなく最悪の場合鉄塔の倒壊に至るケースもあり，このような動的な変化も設計上充分考慮しなければならない．

電線の弛度 D〔m〕は厳密にはカテナリ曲線を用いて計算する必要があるが，一般には次の近似式を用いて計算する．

$$D = \frac{WS^2}{8T} \tag{8・1}$$

ここで W〔N/m〕は電線の単位長重量，S〔m〕は径間（鉄塔間）距離，T〔N〕は電線の水平張力である．この時，電線実長 L〔m〕は次の式で近似できる．

$$L = S + \frac{8D^2}{3S} \tag{8・2}$$

〔3〕電線の振動

送電鉄塔と同様，電線も自然風の影響を非常に強く受けるため，電線の荷重も安全設計の上で非常に重要な要素である．比較的穏やかな風でも，一様な風が電線に対して直角に吹くと，電線の風下側に**カルマン渦**が発生する．このカルマン渦によって電線が鉛直方向に動き始め，その周波数が径間や張力，自重などによって定まる固有の共振周波数と一致すると，電線は上下振動（**微風振動**）を持続するようになる．このように，たとえ微風であっても長期間繰り返し受けると，電線の支持点であるクランプ取り付け金具などに金属疲労が発生し，最悪の場合断線に至る．この微風振動を防止するためには，クランプ取り付け金具を補強したり，ダンパという適切に設計された重りを径間途中に設置し，振動を吸収

したりする方法が取られている．

　一方，氷雪が多い地域では，電線に氷雪が付着して強風にさらされると，氷雪の非対称な付着状況により揚力が発生し，電線が大きく上下に振動することがある．これを**ギャロッピング**という．また，付着した氷雪が急に電線から脱落するとその反動で電線が上方に大きく跳躍する場合もある．これを**スリートジャンプ**という．いずれの振動も，単に機械的損傷だけでなく，特に垂直装中の場合は上下の相導体同士が接触し，相間短絡故障の原因となる危険性がある．これを防ぐために，難着雪リングと呼ばれる付着氷雪の成長を抑制するリングを径間途中に装着したり，導体に巻き付けた磁性体の鉄損による発熱を利用した融雪リングなどが開発されている．

〔4〕コロナ放電

　コロナ放電は電界強度が高い空気中で発生する放電現象であるが，高圧送電線の電線近傍でもコロナ放電が発生することがある．コロナ放電は，放電に伴うエネルギー損失だけでなく，ラジオやTVなどの電波障害や騒音も発生することもあり，できるだけこれを防止しなければならない．コロナが発生する電界は電線半径や空気密度，気圧，温度などで与えられ，一般に晴天よりも雨天の方が発生しやすい．また，電線が雨滴や埃，塩分などで汚損されている場合も発生しやすくなる傾向にある．このようなコロナ放電を防止するためには電線表面の電界強度を低くすればよい．同じ電流でも断面積が大きければ電界強度は低くなるため，8・2節〔1〕で述べたように，HDCCよりもACSRの方がコロナ放電防止にも有利なことがわかる．また，断面積を一定にしながら電界強度を低くするために，一相あたりの電線を複数に分割した**多導体方式**が採用されることも多い．1 000 kV以上のUHV送電線では，6導体以上の多導体方式が用いられ，それぞれの素導体間の間隔を維持するためにスペーサと呼ばれる絶縁支持物が挿入されている．

〔5〕電力線のねん架

　簡単のために三相1回線の送電線で説明すると，相導体は3条あるが，それぞれの相導体は相導体同士の静電容量だけでなく大地に対する静電容量も考えなければならない．相導体の材質や半径が同一であった場合，静電容量は相互の距離

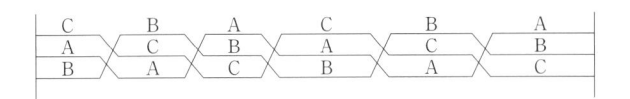

図8・5 ねん架された三相送電線の概念図

　によって決まるが，相導体同士および大地との距離をいずれも等しくできる幾何学的配置は存在しないため，それぞれの静電容量にアンバランスが生じることになる．これはインダクタンスについても同様である[*1]．このような非対称な線路では，たとえ送電端で平衡三相電圧を課電しても，線路電流や受電端電圧が不平衡になる．これを防止するため，途中の適切な送電鉄塔で各相を架け替えて，各相導体の空間配置が線路全体で等しくなるように架設されている．これを**ねん架（撚架）**という．ねん架された三相送電線の概念図を図8・5示す．

8・3　がいし

　電力線を支持する際，電力線は数百〜1 000 kVに課電されているため，充分に絶縁を維持しながら支持しなければならない．その役目を碍子（**がいし**）が担っている．がいしは電線に加わる自重や風圧・氷雪などの荷重に耐えられるような機械的強度を持たねばならないのと同時に，平常時の課電状態だけでなく落雷や短絡故障のような事故時の過電圧にも電気的に耐えられるよう設計されなければならない．

　がいしは，構造によって，**ピンがいし**，**懸垂がいし**，**長幹がいし**，などに分類されるが，このうちピンがいしは今日では主に配電系統に使用され，送電鉄塔で使用されるがいしは懸垂がいしと長幹がいしが主である．我が国の送電系統で用いられるがいしは，絶縁特性と機械強度にすぐれたセラミック（磁器）がほとんどであり，沿面放電を防止するために笠状の形状をしている．なお，近年，特に配電系統では，有機材料（樹脂）などの新しい絶縁素材によるがいしの使用も徐々に普及しつつある．

[*1] 線路定数についての詳しい理論は，本シリーズ第4巻『電気回路Ⅱ』を参照のこと．

8章 ■ 架空送電線

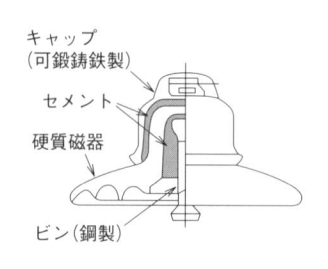

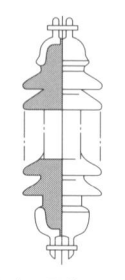

(a) 懸垂がいし (b) 長幹がいし

図8・6 がいしの例

　図8・6に送電鉄塔で用いられるがいしの例を示す．また，超高圧系統および一部の高圧系統では，主に耐荷重を高めるために，がいし連を二重にした平行がいし連を用いることもある．

　なお，がいし連の両端に着目すると，両側から2本の角のような突起物が伸びていることがわかる．これはアークホーンと呼ばれる保護装置である．アークホーンの役割は次章9・2節で詳細に説明する．

演習問題

1 「送電線路」および「配電線路」の定義を述べよ．（電気事業法施行規則に規定された定義を調査せよ．）

2 以下の(1)～(4)の空欄に当てはまる語句を選択肢(a)～(f)から選び回答せよ．
　ACSRは中心に引張強さの大きい (1) より線を使用し，その周囲に比較的導電率の良い (2) 線をより合わせたもので，(3) 線に比べ機械的強度が大きく，軽いという特徴がある．TACSRは (2) 線の代わりに (4) 線を使用したもので，許容電流はさらに大きく取ることができ，特に超高圧以上の線路に用いられる．
選択肢：(a) 鋼　(b) 軟銅　(c) 硬銅　(d) 硬アルミ　(e) 耐熱アルミ合金　(f) 白金

3 200 m の径間を持つ架空送電線の弛度は導体温度 20℃において 4.0 m であった．この電線の線膨張係数を 19×10^{-6} [m/℃] であると仮定した場合，導体温度 90℃のときのこの送電線の弛度を求めよ．

4 以下の（1）～（6）の空欄に当てはまる語句を選択肢（a）～（b）から選び回答せよ．
　がいし用の材料として陶器（セラミックス）が多く使われる理由としては，第1に導電率が (1) く，絶縁耐力が (2) いことが挙げられる．また機械的強度が (3) く，比熱が (4) く，熱伝導率が (5) いことも要求され，さらに価格が (6) いことも重要である．

選択肢：(a) 高　(b) 低

9章 変電所・送配電線の異常電圧と対策

電力系統の安定供給を実現するためには、**供給支障事故（停電）** を発生させないことはもちろんであるが、万一の予期せぬ事故の際にも、安全に対処でき、系統全体を健全に維持するシステムが必要である。送配電線は自然環境に暴露されていることが多いため、落雷や風雪による断線、樹木の接触などあらゆる不足の事態を想定して安全設計を組まなければならない。図 9・1 に示すように、実際に送電線事故の約 8 割は自然現象に起因するものである。このような事故を 100% 防ぐことは不可能であるが、大規模停電などの重大事故に発展させないような対策が重要であり、図 9・2 に見る通り我が国の停電率は世界的に見ても最高レベルを誇っている。本章では、特に送電線の異常電圧とその対策について説明する。この対策は配電線や変電所における対策と共通のものも多い。

9・1 雷現象

図 9・1 で見た通り、送電線事故の原因の第 1 位は雷によるものである。雷雲は大規模な上昇気流によって発生する。例えば最も代表的なものは、無風・強日射・高湿度などの条件下で発生する上昇気流によって形成される積乱雲に起因するもので、我が国では夏季に多い。一方、進行する寒冷前線が暖気の下に潜り込むことによって生じる上昇気流が原因となるものもあり、我が国では特に北陸地方で **冬季雷** として知られている。**夏季雷** は雲頂高度は 12 km 以上もの高さとなるが、冬季雷は高度が低いことが特徴であり、0.3～0.5 km の低い雲底高度をもつ雷雲も存在する。

雷放電[*1]の現象を肉眼で見ると一条の電光が走るように見えるが、詳細に観察

---

*1 JIS A 201：2003「建築物等の雷保護」[1]の定義によると、雷雲から大地への放電を「落雷」と呼び、雷雲から構造物への放電を「雷放電」と呼ぶ。また、「雷撃」とは 1 回の放電であり、落雷および雷放電は 1 回以上の雷撃を含む、と定義されている。

9・1 雷 現 象

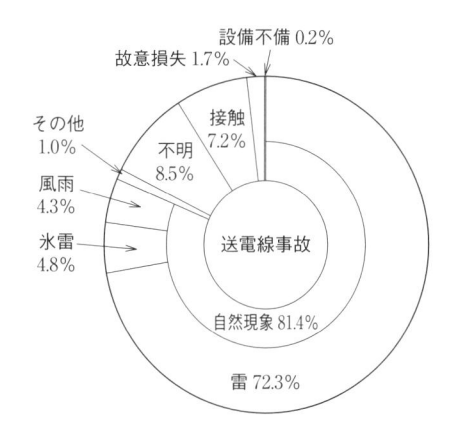

図9・1 送電線事故の原因（電気学会技術報告 641 号より作成）[2]

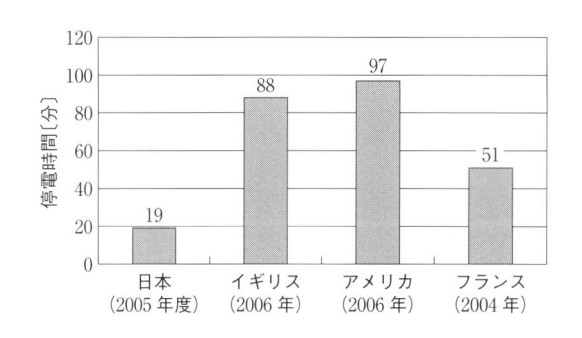

図9・2 停電時間の国際比較（電気事業連合 Infobase2011 より作成）[3]

すると，図9・3のような進展過程を経ることが明らかになっている．まず雷雲から先行放電（**ステップトリーダ**）が発生し，進展と休止を繰り返しながら大地に接近する．このステップトリーダの先端が大地に接近すると，その直下の大地面周辺の電界が大きくなり，高構造物や樹木などから上向きのリーダが進展する．両者が結合した瞬間に大地から大量の電荷が放電路に注入されて帰還雷撃（**リターンストローク**）が雷雲に向かって進行する．我々が一般に肉眼や写真撮影で見ることのできる雷光はこのリターンストロークの際に生ずるものである．場合によってはステップトリーダの軌跡を通って再びリーダがすばやく進展し（ダートリーダと呼ばれる），リターンストロークを複数回繰り返す場合もあ

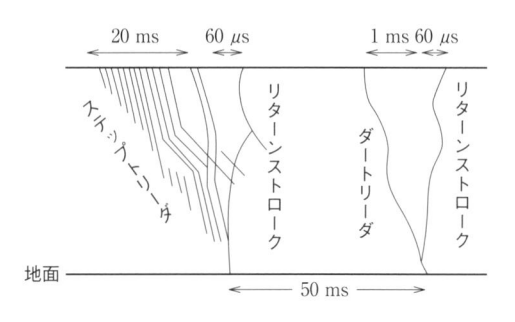

図9・3 雷放電の進展状況

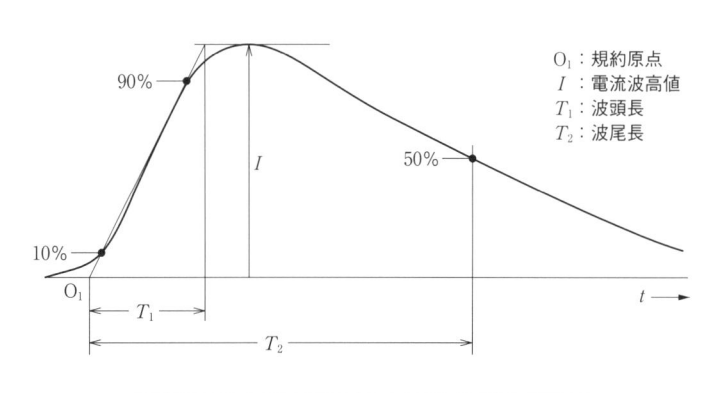

図9・4 雷電流波形（出典：JIS Z 9290-4）[4]

O_1：規約原点
I：電流波高値
T_1：波頭長
T_2：波尾長

り，この場合は**多重雷**と呼ばれる．

　一般に夏季雷は雷雲にマイナスの電荷が蓄積され，相対的に大地がプラス極となるため，**負極性雷**となる場合が多い．この場合，ステップトリーダは図9・3で見たように雷雲から徐々に下向きの枝分かれ状に進展し，リターンストロークもその経路に沿って発生するため，**下向き雷**を形成する．一方，冬季雷は雷雲にプラスの電荷が蓄積され**正極性雷**となる場合が多く，ステップトリーダは大地（もしくは高構造物）から上向きの枝分かれ状に進展するため，**上向き雷**を形成することが多い．

　図9・4にJISで規定された模式的な雷電流波形を示す．実際に自然界で観測される雷はもっと複雑な形状をしているが，それらを統計処理するためにはある程

度規格化しなければならないため，雷電流の代表的なパラメータとして，**波頭長，波尾長，電流波高値**が定められている．まず，雷電流が発生し波高値に達するまでの10%値から90%値を結んだ線が水平軸と交わる点を規約原点と定め，その線が波高値に達する点までの時間が波頭長と定義される．また，雷電流が減少し，波高値の1/2の大きさになった点の規約原点からの時間が波尾長と定義されている．

標準的な夏季雷は波頭長が $1\,\mu s$，波尾長が $70\,\mu s$ と短く，電流波高値が約20 kAと高いのが特徴である（なお，多くの夏季雷は負極性であるため，雷電流波形はマイナス側に反転した形状となる）．一方，冬期雷は電流波高値については夏季雷に比較してそれほど高くないものの，波尾長が数十 ms と非常に長く，したがって雷の持つエネルギーも非常に大きいのが特徴である．冬季雷は世界的に見ても数える地域にしか発生しない特殊な雷現象であるが，我が国では冬期雷が発生する地域（山陰から北陸，東北地方にかけての日本海沿岸）に比較的多くの人口があり，送電線や変電所などの電力設備も多いため，その特別な対策も重要視されている．

9・2 送電線の耐雷設計

〔1〕架空地線による雷遮蔽

送電鉄塔および送電線は周囲に遮蔽物のない高構造物であるため，雷撃を受けやすい．送電鉄塔や架空地線に雷撃があったとしても，直ちに機器の故障や供給支障事故（停電）につながるわけではなく，多くの場合，雷電流は架空地線から鉄塔の導体（鉄骨）さらには接地極を通じて大地へ安全に放流される．架空地線は相導体の上方に架設されているため，相導体の雷撃を受ける確率は架空地線に比べ格段に低くなる．これは建築物の上に避雷針[*2]を設置するのと同じ対策であり，これを架空地線による**雷遮蔽**という．

〔2〕逆フラッシオーバとアークホーン

架空地線や鉄塔に雷撃があった場合，雷電流が大地へ放流される際に**電位上**

[*2] 正式には，現在では，「受雷部システム」と呼ばれる（JIS A 4201：2003などの定義による）．

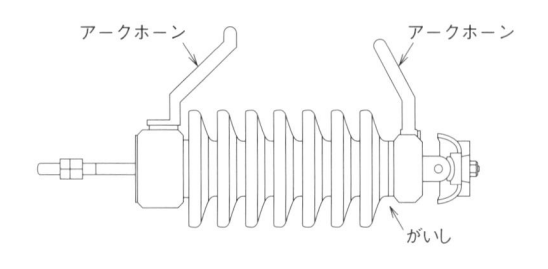

図9·5 アークホーンの装着例

昇が発生する(電位上昇のメカニズムについては次節参照).したがって,がいし連の両端にかかる電圧,すなわち相導体の課電電圧と鉄塔電位の差ががいし連の絶縁耐圧を超えると,鉄塔から相導体へ向けて沿面放電が発生する場合がある.この現象を**逆フラッシオーバ**[*3]という.逆フラッシオーバが起こると,相導体と大地が短絡する.これを**地絡故障**と呼ぶ.

　一般に,一度がいし表面に沿面放電が発生すると,交流電圧によって一旦電圧が低下したあともその放電軌跡を通って放電現象が継続する場合も多く,最悪の場合がいしの物理的破損を引き起こす.したがってこれを防ぐために,近年では**図9·5**に示すような**アークホーン**と呼ばれる防絡装置がいし連の両端に取り付けられている.これは適切な距離のギャップを設けて設置された放電電極であり,鉄塔や架空地線に雷撃があった際,ある一定の電圧がかかると敢えて閃絡を起こしやすくする仕組みとなっている.アークホーン間の放電は気中放電であるため,相導体の交流電圧の1サイクル内で放電は直ちに消弧され地絡故障は継続せず,数 ms 程度の**瞬時停電(瞬停)**のみで正常状態に自動的に復帰する.瞬停は統計上供給支障事故には含まれず,多くの機器にはほとんど影響を与えないが,近年パソコンなどの精密電子機器は数 ms 程度の瞬停でもシャットダウンや誤動作をしてしまう場合もあり,瞬停対策も高度情報化社会の今日には非常に重要な課題となっている.

[*3] もともと「フラッシオーバ」が相導体から鉄塔への沿面放電と定義されているため,その逆方向の放電は「逆フラッシオーバ」と呼ばれる.

〔3〕保護継電器による高速再閉路

　また，送電鉄塔そのものの対策ではないが，雷撃点に近い変電所に設置された**保護継電器（リレー）**および**遮断器**[*4]が自動的に動作し，故障回線を一旦切り離したのち，アークが消弧されてから再度閉路して送電を自動的に再開する方式も取られている．これを**高速再閉路**という．

　また，もし何らかの要因で地絡故障が自動的に除去されず（**再閉路失敗**），作業員が現地に出向いて故障原因を取り除かなければならない場合，これを**永久故障**と言い，その間の停電は**供給支障事故**と呼ばれる．

　なお，送電線および配電線で留意すべきサージ現象としては，自然現象に起因する雷サージだけでなく，開閉器[*5]の開放動作によって人為的に発生する**開閉サージ**も存在する．標準的な雷サージが $60\,\mu s$ であるのに対し，開閉サージは $200\,\mathrm{ms}$ と遅く，同じサージでも考慮すべき対策が若干異なる場合もある．サージ対策については次節で紹介する．

〔4〕遮蔽失敗と変電所侵入雷サージ

　前述のとおり，相導体は架空地線の下方に架設されているため，雷撃を受ける確率は架空地線に比べ格段に低くなる．ただし，単に相導体の上方に架空地線を架設すれば100%雷撃が防げるわけではない．なぜならば，9・1節で述べたステップトリーダの最終段階の進展距離は雷電流によって決まり，雷電流が小さいほど進展距離が小さいことが知られている．したがって，雷電流が小さい雷に対しては架空地線の遮蔽範囲は相対的に小さくなり，その遮蔽範囲をかいくぐって直接相導体に雷撃がある場合もまれに発生する．このような状況を**遮蔽失敗**という．相導体への直撃雷は，近接鉄塔でフラッシオーバを発生させるだけでなく，雷過電圧（**雷サージ**）が相導体を伝搬して数 km 先の変電所にまで侵入し，変電所の機器を損傷させる場合もある．したがって，雷電流が比較的小さい雷であっても充分な対策が必要となることがわかる．

[*4] 保護継電器（リレー）に関しては12章で，遮断器に関しては11章で詳しく述べる．
[*5] 開閉器に関しては，11章で詳しく述べる．

9・3 過電圧に対する対策

[1] 接 地

　雷サージや開閉サージなど過電圧に対する対策としては，第1に**接地抵抗**の低減が挙げられる．今，接地抵抗 R 〔Ω〕の接地極を持つ送電鉄塔に電流波高値 I 〔kA〕の雷撃があった場合を考えると，鉄塔の電位上昇は $I \times R$ 〔kV〕となるため，接地抵抗 R はできるだけ低減することが望ましい．

　ところで接地とは，一般に家電や電子機器の分野では大地に接地電極を挿入し電位を0Vとすることだと考えられる場合が多いが，大電流を扱う電力輸送工学においてはその考え方は厳密には正しくない．電位が0Vである地点は無限遠点であり，大地（土壌）は完全な絶縁体でないため，無限遠点と接地電極の間には有限の値の接地抵抗が確実に存在し，接地点での電位も0Vとはならないからである．

　まず簡単のため，一様に均質な土壌を考え，接地極の材質は完全導体と仮定する．大地抵抗率を ρ 〔Ω・m〕とした場合，電流印加点から任意の距離 x 〔m〕離れた所にある微小区間 dx の抵抗 dR 〔Ω〕は次式のように与えられる．

$$dR = \rho \frac{dx}{S(x)} \tag{9・1}$$

ただし，$S(x)$ は x において電流が横切る土壌の面積である．これを接地極の表面（ここでは $x = r$）から無限遠 $x = \infty$ まで積分すると以下のような接地抵抗が得られる式となる．

$$R = \int_r^\infty \frac{\rho}{S(x)} dx \tag{9・2}$$

この式が意味することは，「接地抵抗は周囲の土壌の抵抗率と接地極の形状で決定される」ということであり，接地極そのものが抵抗値を持つわけではない．さて，ここで図9・6に示すような接地電極に半球電極を仮定すると，$S(x)$ は簡単に $S(x) = 2\pi x^2$ と表されるため，これを式(9・2)に代入すると，

$$R = \int_r^\infty \frac{\rho}{2\pi x^2} dx = \frac{\rho}{2\pi r} \tag{9・3}$$

となる．これが半球電極を接地極として用いた場合の接地抵抗の理論式である．
　実際には半球電極のような形状は用いられず，**棒電極**や**平板電極**，あるい

図9・6 半球接地電極

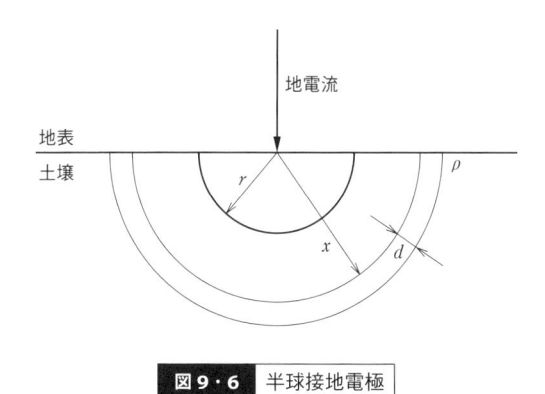

は**環状電極**や**メッシュ電極**の場合が多い．これらの形状は式(9・3)のように簡単に代数方程式で表現できるものではないため，近似計算を行うか，近年では**数値電磁界解析**を用いて解析的に求める手法も開発されている．

なお，接地抵抗は低い方が望ましいが，過度に低くしようとすると莫大な建設コストがかかってしまう可能性もあり，現実的ではない．国際規格などで定められている安全が確保できる基準としては，10 Ωが目安となっている．

さらに近年では，接地抵抗だけではなく**接地インピーダンス**という概念も重要となってきている．なぜならば，雷サージのような非常に高周波の波形に対しては，接地インピーダンスのインダクタンス・キャパシタンス成分により，50/60 Hz の低周波時よりも見かけ上異なる抵抗値（複素インピーダンスの絶対値）が現れる場合もあるからである．図9・7に接地インピーダンスの周波数特性の概念図を示す．特に接地インピーダンスがインダクタンス成分を持つ場合，高周波時の見かけ上の抵抗値は非常に高くなる傾向があり，接地設計や施工には充分注意が必要である．例えば，変電所やビルなど比較的広い面積を持つ設備内の場合，接地極につなぐための接続線が長過ぎたり，コイル状に巻かれている場合は，インダクタンス成分を持ちやすい．

〔2〕サージ防護デバイス（SPD）

サージ防護デバイス（SPD：Surge Protective Device）[*6] は，線路から侵入するサージ（過電圧）を大地に速やかに放流して抑制し，機器や回線を安全に保つための装置である．現在 SPD 用材料としては代表的な酸化亜鉛（ZnO）を例にと

図 9・7 接地インピーダンスの周波数特性概念図

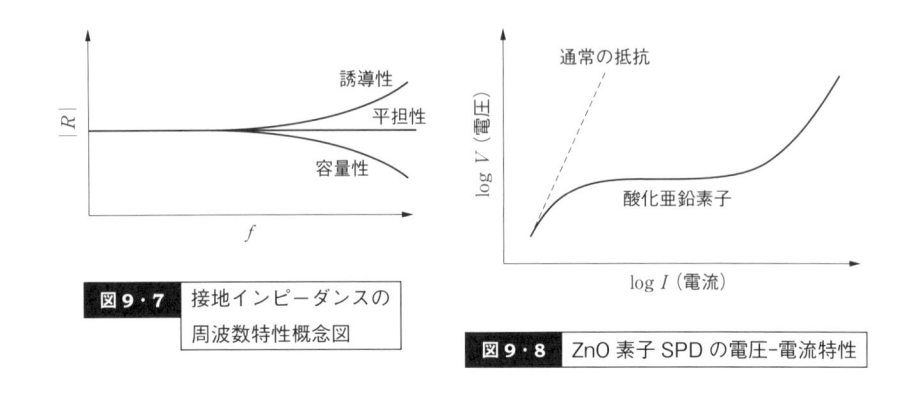

図 9・8 ZnO 素子 SPD の電圧-電流特性

って，以下 SPD の原理を説明する．

ZnO は**図 9・8**に示すような電流電圧特性を持つ材料であり，通常は絶縁体特性を持ち，高電圧が印加されたときのみ電流を流す（導体）特性を有している．このような特性を活かした SPD を線路と接地極の間に挿入すれば，通常時は絶縁体として働き，異常時（サージ侵入時）のみ動作してサージを大地に放流する，自動スイッチのような役割を果たすことが可能となる．なお，SPD にはそれぞれ公称電流値があり，この電流以上のサージが SPD を通過すると熱的損傷を受けるため，設置場所や予想される雷の大きさ・頻度などを考慮して適切な設置が要求されている．また，SPD は一般に配電線や変電所に多く用いられているが，近年では高圧送電線にも設置が進んでいる．

〔3〕絶縁協調

雷サージや開閉サージなどの異常電圧に対し，発変電所や送電線など系統内のすべての部分で絶縁耐性を持つように設計することは，技術的にも経済的にも困難である．そこで，系統全体として安全かつ経済的な絶縁設計を行うことを絶縁協調という．具体的には，これまでに解説したような，送電鉄塔のアークホーン

---

*6 使用される分野によって名称が異なり，「避雷器（アレスタ）」「サージアブソーバ」「バリスタ」「保安器」などと呼ばれることもあるが，これらの基本動作原理はすべて共通である．「サージ防護デバイス（SPD）」は近年の JIS に基づく呼称であり，また電力工学の分野で用いられる「避雷器」は通産省（当時）省令「電気設備の技術基準」に基づく用語である．

や接地，変電所のSPD，保護継電器などの絶縁設計を系統全体で最適化することを意味する．この設計は単純な数式などで一意的に決まるものではなく各機器や線路の詳細なモデルを用いた**過渡解析**が必要であり，現在では多くの数値解析手法が提案され実用的に用いられている．

演習問題

1 以下の（1）〜（4）の空欄に当てはまる語句を選択肢（a）〜（g）から選び回答せよ．

我が国の送電線事故の8割は [（1）] によるものであり，[（2）] に起因する事故がそのうちの9割を占めている．また，送電線に発生する異常電圧は，[（3）] サージと [（4）] 器の [（4）] 動作に起因する [（4）] サージに分類される．

選択肢：(a) 人為的過失　(b) 自然現象　(c) 台風　(d) 地震　(e) 雷　(f) 変圧　(g) 開閉

2 以下の（1）〜（4）の空欄に当てはまる語句を選択肢（a）〜（g）から選び回答せよ．

架空地線は相導体への直撃雷の確率を [（1）] くできるが，完全にそれを防ぐことはできない．一般に電流波高値が [（2）] い雷ほど，また架空地線の遮蔽角が [（3）] いほど遮蔽失敗の確率が [（4）] くなる．架空地線に直撃雷が侵入した場合，雷電流は鉄塔の接地抵抗を通じて大地に流れるが，接地抵抗が [（5）] いと鉄塔の電位上昇が [（6）] くなり，逆フラッシオーバが起きる確率も [（7）] くなる．

選択肢：(a) 高　(b) 低　(c) 大き　(d) 小さ

3 大地抵抗率 $1\,000\,\Omega\mathrm{m}$ の土壌に定常抵抗 $10\,\Omega$ となるように半球電極を埋設したい．この半球電極の半径を求めよ．

4 避雷器は制限 [（1）] より低い場合は [（2）] を流さず，制限 [（3）] より高い [（4）] がかかると [（5）] を流し，その後再び制限 [（6）] より低くなるとまた [（7）] を流さなくなるという，いわばスイッチとしての役割をもつ．ただし，公称 [（8）] 以上の [（9）] が流れると熱的損傷を起こすことがある．

選択肢：(a) 電流　(b) 電圧

10章 ケーブル送電線

本章では，各種電力ケーブルの構造と種類，地中ケーブルの敷設方式と線路構造や電力ケーブルの重要な電気定数について学ぶ．

10・1 電力ケーブルの構造と種類

前章で示した架空送電線は，土地取得や景観問題，電磁波による健康影響の懸念から，近年，建設がますます困難になりつつある．そこで着目されているのが地中送電方式である．地中送電方式は，建設コストの上昇や万一の事故時の故障点同定の困難性などの欠点もある反面，暴風や雷害，氷雪などの付着など自然現象の影響を受けにくく供給信頼度が高くなるという利点を持つ．

地中送電方式は狭い洞道内に電力線を配置するため，非常に絶縁性の高い絶縁層および被覆層を持つケーブルを用いることが特徴である．また，島と島あるいは大陸と大陸などの比較的長距離を結ぶ際の海底電力ケーブルも，絶縁特性が若干異なるものの，同様の特徴を持つ．

電力ケーブルは以下の項で示すように，絶縁体の種類によって大きく2種類，すなわち **OF（Oil-filled）ケーブル**と **CV ケーブル**[*1] の二つに分類される．また，近年実用化あるいは研究開発が進みつつある新しいケーブルとして，**GIS（ガス絶縁）ケーブル**および**超電導ケーブル**も以下に紹介する．

〔1〕OF ケーブル

OF ケーブルは粘度の低い絶縁油をケーブル内に含浸封入したケーブルであり，**図 10・1** のように導体の周囲に巻き付けた浸油状態の絶縁紙と油通路を持つのが特徴である．ケーブルの導体は一般に，8・1 節〔1〕で示したような軟銅よ

[*1] 正式名称は塩化ポリビニル被覆架橋ポリエチレン絶縁ケーブル（Cross-linked polyethylene insulated poly Vinyl chloride sheathed cable）であり，CV の頭文字はこの英語名から取られている．なお，英語圏では XLPE cable と略称するのが一般的である．

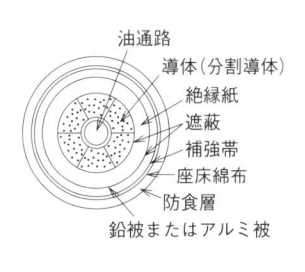

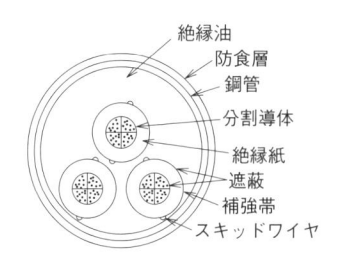

(a) OFケーブル（単心）　　(b) パイプケーブル（POFケーブル）

図 10・1 OFケーブルの断面図

り線が用いられる．OFケーブルは絶縁油の絶縁強度は比較的高いため，外径を小さくすることができるという長所を持つが，ケーブル内の油通路に常に低粘度の絶縁油を満たすよう内圧を常に大気圧以上でかつ一定範囲に保たなければならないため，給油用油槽のような付属設備の設置が必要であり，また油圧などを継続的に監視しなければならないなど，保守・管理の点で若干の問題点がある．

OFケーブルの歴史は古く，その発明は1917年まで遡ることができる．我が国でもすでに戦前に採用され，以降高圧ケーブルの主流となった．我が国の代表的なOFケーブルの敷設事例としては，四国と関西を結ぶ阿南紀北線が挙げられる．この回線は2000年に運転開始した直流送電であり，海底ケーブル部分の亘長は46.5 km，公称電圧±500 kV，送電容量2 800 MWの世界最高レベルの容量を誇っている．また，世界最長のOFケーブルとしては，ノルウェーとオランダ間の北海海底をほぼ直線上に結ぶNorNed国際連系線が挙げられる．この国際連系線は2008年に運転開始し，全長は実に580 km，公称電圧±450 kV，送電容量700 MWの海底ケーブルである．

〔2〕CVケーブル

CVケーブルは**図10・2**に示すように絶縁体に架橋ポリエチレンに用いており，さらに金属テープなどの遮蔽層を挟んでビニルシース（被覆）などから構成される．CVケーブルは絶縁層が樹脂製であり，OFケーブルに対してソリッド形といわれ，給油用油槽のような特別な付属設備が継続的な油圧の監視・保持が不要であるという利点を持つ．CVケーブルは同じ絶縁強度を持つOFケーブルと比

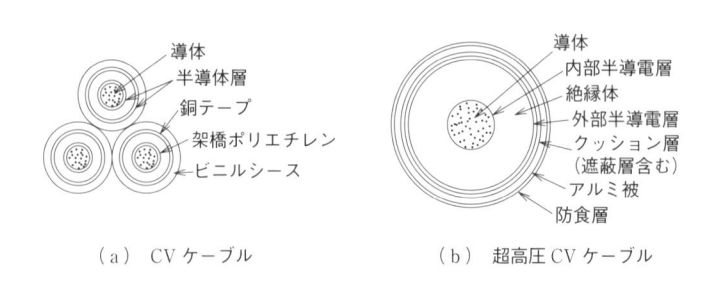

図10・2 CVケーブルの断面図

(a) CVケーブル
(b) 超高圧CVケーブル

較すると外径が大きくなりがちなこと，水トリーと呼ばれる付着水分に起因する絶縁劣化問題があること，大容量・長尺の製造が困難であったことなどが問題点とされてきたが，近年は製造方法の改良や品質向上などが進み，現在では電力ケーブルの主流になりつつある．

　我が国でのCVケーブルの代表的な敷設例としては，2001年に運転開始した東京電力の新豊洲線という長距離送電が挙げられる．この回線は，人口の密集する千葉-東京間で大容量の公称電圧は±500 kV，送電容量900 MWの送電を行うため，全長約40 kmが地下化されている．また，近年欧州では，盛んに開発が進んでいる洋上風力発電用としてCVケーブルの導入が進んでおり，例えばドイツでは，400 MWの容量を持つ洋上風力発電所に対して公称電圧±150 kV，全長203 kmの海底および地中直流ケーブル，また，800 MWの洋上風力発電所に対して公称電圧±320 kV，全長75 kmの海底および地中直流ケーブルの建設が進んでいる．

〔3〕次世代ケーブル

　気中送電線路（GIL：Gas-Insulated transmission Line）は，管路気中ケーブルを用いた送電方式であり，絶縁特性の優れた六フッ化硫黄ガス（SF_6）を加圧充填した管路中に絶縁性支持物のエポキシスペーサで支持されたパイプ導体を配置した構造を持つ．GILはSF_6圧縮ガスの対流による冷却効果によってOFケーブルの給油用油槽のような付属設備が不要であり，静電正接が0に近いため誘電体損失もないという特徴を持つ（静電正接および誘電体損失に関しては10・3節〔3〕で詳述）．このようにGILは原理的に従来の電力ケーブルに比べて非常に大

きく架空送電線に匹敵するほどの送電容量と送電距離が実現可能であるが，現段階では長尺の線路を敷設することはコスト的にも難しく，現時点でも1998年に運転開始した中部電力の新名火東海線の3.3 kmが最長であり，それ以外の実用例の多くは大規模発電所の引出し線や高圧架空送電線の交叉部などの短距離線路に限られている．将来，コスト面での問題が解決すれば，大都市圏の長距離大容量地中送電への適用も考えられている．

また，超電導ケーブルは，極低温で電気抵抗が0になるという超電導[*2]の性質を利用したものである．例えば導体にニオブ（Nb）やニオブチタン（NbTi）を用いた場合，液体窒素および液体ヘリウムで温度を4～5 Kまで冷却すると電気抵抗を0に近づけることができ，小さい断面積で高密度の電流を流すことができる．また，導体に高温超電導体（77 K以上）を用いた場合，冷却剤は液体窒素のみで済み，さらにケーブル全体の径を小さくすることが可能である．超電導ケーブルは理論上，1回線あたり1 GW程度の大容量の送電が可能であり，主に我が国を中心に実証研究が進んでいるが，実用化までには，線材の長尺化や低コスト化，冷却方式などさまざまな課題を解決しなければならない．

10・2 敷設方式と線路構成

[1] 地中ケーブルの敷設方式

地中ケーブル敷設方式としては，直埋式，**管路式**，**暗きょ（暗渠）式**などがある．

管路式は，鋼管やコンクリート管，合成樹脂管などを地中に埋設し，その中に数～十数条のケーブルを引き込む方式であり，ケーブルの引き入れは通常，数百mごとに設置された**マンホール**（人孔）から行われる．マンホールは管路の中間に位置する地下室であり，ケーブル敷設時の引き入れ作業だけでなく，ケーブルの接続や保守点検が行われる設備である．

一方，暗きょ式は地中に暗きょ（洞道）を建設する方式であり，最も一般的なものとして上下水道・ガス・通信・電力などのインフラ設備を共同で収める**共

[*2] 超電導の詳細に関しては，OHM大学テキスト『電気電子材料』を参照のこと．なお，我が国では，主に電力工学の分野では「超電導」，主に電子材料・物性工学の分野では「超伝導」と慣習的に標記されるが，両者は同じものを指す．

同溝が挙げられる．共同溝は一般に都市計画に伴い幹線道路の地下部に建設される場合が多く，「共同溝法」により道路管理者が施工する．暗きょ式はケーブル条数が20条以上と回線数が非常に多い場合や再掘削が困難な場所の場合に有利である．その他，河川や海峡，立体交差道路などを通過する場合，橋梁（りょう）添架式や水底（海底）敷設式などの方式がとられることがある．海底ケーブルの敷設方式に関しては，10・2節〔4〕で詳述する．

〔2〕**地中ケーブルの接続方式**

一般的な製品としてのケーブルの長さは有限であるため，長距離線路にケーブルを敷設する場合は，ケーブル同士を相互接続しなければならない．これを**中間接続**という．ケーブル同士を接続する際には，単純に導体のみを電気的に接続するだけではなく，ケーブルシースや絶縁油・冷却ガスの接続も考慮しなければならないため，架空線路よりも複雑な構造となる．また，中間接続には，単純にケーブル相互を接続する**普通接続**と，単心ケーブルの場合に両端のケーブルシースを接続せず絶縁する**絶縁接続**，OFケーブルで給油区間を分割する**油止接続**（GILの場合はガス止接続），また1本のケーブルに複数のケーブルを接続する**分岐接続**がある．また，ケーブル終端を架空線やその他の電気機器に接続する場合は**終端接続**と呼ばれ，分岐箱を経て大気中でがいし管で終端する**気中終端接続**，油入変圧器やSF_6ガス絶縁変圧器との接続の際に用いられる**油中終端接続**，**ガス中終端接続**などがある．

〔3〕**地中ケーブルの冷却方式**

地中ケーブルは架空線路と異なり，地中の狭い管内や洞道内に多数条の敷設が行われるため，冷却方法も非常に重要である．近年の大容量地中送電では，強制冷却が一般であり，ケーブルの内部あるいは外部に冷却媒体を流す**直接冷却方法**と，管路内や洞道内で水や空気を循環させる**間接冷却方法**に分類される．OFケーブルの場合は，絶縁油がそのまま冷却媒体として用いられ，油通路を通じて低粘度の絶縁油を常に循環させる方式が取られる場合も多い．CVケーブルでは，水を冷却媒体として導体中心部の通路を循環させる方法も取られている．これらの**内部冷却方法**は冷却効率は良いが長距離線路には向かず，比較的短距離の線路で有効である．また，ケーブル外側に冷却媒体を直接接触させる**外部**

冷却方法の例としては，管路内でOFケーブルやCVケーブルを水に浸漬する方式や，洞道内で強制風冷と水冷却を組み合わせる方式もある．

〔4〕海底直流ケーブルの敷設方式

近年は，電力会社や国を超えた電力融通のために，あるいは特に欧州では洋上風力発電所で発電された電力を陸上に輸送するために，比較的長距離の海底送電路が必要となっている．一般に送電線路が長距離になると交流送電より直流送電の方がコスト的に有意となるため，直流送電用の海底ケーブル敷設が近年世界的に増加している．

基本的な直流送電方式としては単極方式，すなわち電流の帰路に海水を使用する**単極方式**がある．この方式は必要なケーブルが1条のみであるためコストを減らすことがき，海水を使うことで帰路の抵抗を無視することができるため，損失を最小限にすることもできるという利点をもつ．しかし，海水を電流帰路に利用することでさまざまな環境影響が発生するため，今日新たに建設される海底ケーブルではほとんど用いられていない．これに対して金属導体帰路を用いた単極方式や，同一性能のケーブルを正極・負極で2条用いる**双極方式**が近年多く採用されている．

水底もしくは海底にケーブルを敷設する場合，前項で解説したような冷却は必要ないが，船舶の錨などによる切断や損傷がないよう，一般に川底もしくは海底から充分な深さ（通常数m）に埋設される．また，CVケーブルの場合は前述の水トリーが発生しないよう，一般に地中ケーブルよりは絶縁層が厚く設計される．

10・3 電力ケーブルの電気定数

〔1〕電力ケーブルの送電容量

電力ケーブルは架空送電線と異なり導体が絶縁体で覆われているため，導体に電流が流れ温度上昇が起きると絶縁体は影響を受けやすく，そのため導体の**許容温度**が定められている．一般にOFケーブルの許容温度は通常時で80～85℃，短絡時で150℃，また，CVケーブルは通常時で80～90℃，短絡時で230℃と定められている．導体をこの温度以下に保つためにケーブルの許容電流

が設定されており，ケーブルの材質や外径，構造などによって，連続して流してよい**常時許容電流**，線路事故時などの切替の運用で数分〜数時間を対称とした**短時間許容電流**，線路事故時の最に流れる2秒程度以下を対称とした**短絡時許容電流**がそれぞれ定められている．常時許容電流 I_{max} 〔A〕が与えられると，定格電圧 V 〔V〕および力率 φ からケーブルの送電容量 P_{max} 〔VA〕は以下の式で求められる．

$$P_{max} = VI_{max} \cos \varphi \tag{10・1}$$

〔2〕電力ケーブルの静電容量

電力ケーブルは架空送電線[*3]に比べ静電容量が数十倍と大きいため，地中送電線路の設計や運用には大きな影響を及ぼす．同軸円筒状のケーブルの送電容量 C は以下のように与えられる．

$$C = \frac{0.02413\varepsilon}{\log_{10}\frac{D}{d}} \;\; 〔\mu F/km〕 \tag{10・2}$$

ここで，ε は比誘電率，D は絶縁外径（金属シースの内径）〔mm〕，d は導体外径〔mm〕である．静電容量が大きいということは，無負荷や軽負荷の線路を充電する場合に進み電流が流れ，**フェランチ効果**（7章参照）により受電端電圧が上昇することを意味している．式(10・2)からわかる通り，ケーブルの静電容量を小さくするためにはできるだけ誘電率の低い絶縁材料を用いることが望ましく，この点で架橋ポリエチレンを用いるCVケーブルに優位性がある．

また，ケーブルの**充電電流**は次式のように与えられる．

$$I_c = 2\pi f C \frac{V}{\sqrt{3}} l \times 10^{-3} \;\; 〔A〕 \tag{10・3}$$

ここで，f は周波数〔Hz〕，V は線間電圧〔kV〕，l は線路長〔km〕である．この式から明らかな通り，充電電流は静電容量と線間電圧，および線路長の積に比例して増加する．

したがって，特にケーブルの線路長が長い場合，充電電流が許容電流を超えてしまうため，実質的に送電できる容量が限られてくる．これを**有効送電容量**という．

[*3] 架空送電線の電気的特性に関しては，OHM大学テキスト『電気回路Ⅱ』を参照のこと．

なお，同軸ケーブル線心1条あたりのインダクタンス L は次式で与えられ，

$$L = 0.05 + 0.4605 \log_{10} \frac{D_c}{d} \,[\mathrm{mH/km}] \tag{10・4}$$

ただし，D_c は導体間の中心距離〔mm〕．架空線のインダクタンスに比べ，数分の1以下と小さい．

〔3〕電力ケーブルの損失

電力ケーブル内で発生する損失としては，ケーブル心線（導体）の抵抗によるジュール損はもちろんのこと，絶縁体中で発生する**誘電体損**や金属シースの誘導電流によって発生する**シース損**があるのが特徴である．

誘電体損 W_d は，次式から求めることができる．

$$W_d = 2\pi f \cdot Cn \frac{V^2}{3} \tan \delta \times 10^{-3} \,[\mathrm{W/km}] \tag{10・5}$$

ここで，$\tan \delta$ は**静電正接**，n は線心数である．式(10・5)からわかるように，誘電体損失を低減するには，できるだけ静電正接が小さな絶縁体を用い，静電容量を減らす工夫が必要となる．この点で，静電正接がほとんど0に近い絶縁ガス SF_6 による GIL は技術的優勢性があると言える．

また，シース損はシースに発生するうず電流損と長尺方向の循環回路に流れる電流によるシース回路損に分けることができるが，特に単心ケーブルでは原理的にシース損が発生しやすく，これを低減するために10・2節〔2〕で述べた**絶縁接続**を用い図10・3のような**クロスボンド方式**が用いられている．このように一定区間のシースを互いに絶縁し，全体としてシース電流を打ち消すようにすることによってシース損を低減することができる．

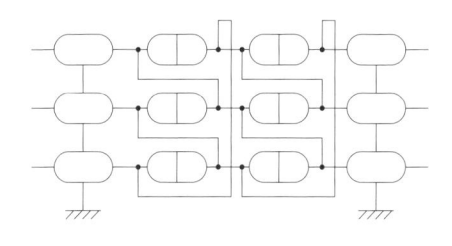

図10・3 クロスボンド方式

演習問題

1 OF ケーブルおよび CV ケーブルの実際の施工例を調査せよ．調査にあたっては，宣伝色の濃い企業の記事や参考文献が不明瞭な無記名記事は避け，具体的な参考文献を挙げながらできるだけ客観性の保たれた最新の情報を調査すること．

2 ケーブルの接続方式について実用例を調査せよ．

3 ケーブルの冷却方式について実用例を調査せよ．

4 電圧 33 kV，周波数 60 Hz，亘長 10 km の三相 1 回線地中ケーブルの三相無負荷重電電流および有効送電容量を求めよ．ただし，ケーブルの 1 線あたりの静電容量は 0.5 μF/km とする．

11章 変電および変電所

本章では，変電所の役割や電力用変圧器について概説した後，送電系統の保安上重要な中性点接地方式を解説する．また，遮断器，断路器，調相設備，避雷器についても学ぶ．

11・1 変電所の構成

変電所の目的は（ⅰ）送配電電圧を**変圧**（昇圧または降圧）することであるが，変電所の機能はそれのみに限らず，（ⅱ）遮断器および断路器の開閉による系統の切替，すなわち潮流制御，（ⅲ）調相設備による無効電力・有効電力の調整，（ⅳ）保護継電器（リレー）による事故検出と遮断器による事故点切り離し，すなわち保護制御，のようなさまざまな役割を持っている．

図11・1に一般的な変電所の構内構成図を示す．図に見られるように，変電所の敷地内の多くが変圧に関わる機器ではなく，開閉操作に関わる機器で占められていることが明らかである．このように，変電所は系統の健全性を確保し，電力を安定供給するための重要な役割を担っていることがわかる．変電所で用いられる各機器の詳細は，次節以降で解説する．

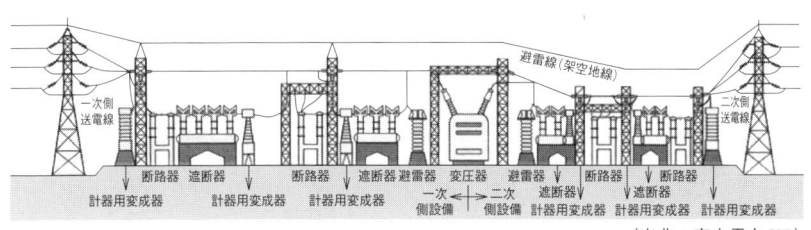

(出典：東京電力HP)

図11・1 一般的な変電所の構成

11・2 電力用変圧器

一般的な変圧器の基本原理は本シリーズ『電気機器学』に譲るとし，ここでは特に電力用変圧器に関係する事項について解説する．

〔1〕電力用変圧器の絶縁方式

電力用変圧器は取り扱う電圧が非常に高いため，特に絶縁設計は重要となる．変電所で用いられる大容量電力用変圧器の絶縁材料としては，大きく分けて絶縁油と絶縁ガスの二つがあり，それぞれ**油絶縁変圧器**および**ガス絶縁変圧器**と呼ばれている．

絶縁材料としての油は古くから一般的に多く使われており，現在は環境負荷の低いシリコーン油を用いている．なお，油は極めて可燃性が高いため，電気事業法や消防法でその取り扱いが厳しく規制されている．地下変電所やビル受電設備などで**防災変圧器**の要求がある場合は，絶縁性の高いエポキシ樹脂で充電部をモールドした乾式の**モールド変圧器**が用いられている．

絶縁材料としての油に代わり近年注目されているのが六フッ化硫黄（SF_6）に代表される絶縁性能の高い気体である．SF_6は人体や環境への影響も低く，可燃性でないため，極めて安全であるだけでなく，次項で示す冷却性にも優れ，また高圧密閉構造のため電磁騒音も軽減でき，変圧器全体の容積を小さく設計することができるという特徴を持つ．

なお，配電用変圧器はその設置方法によって，架空配電線のコンクリート柱の上に設置する**柱上変圧器**や，地中ケーブル用として地上に設置される**パッドマウント変圧器**などに分類される．図11・2にこれらの設置例を示す．

〔2〕電力用変圧器の冷却方式

変圧器は鉄損および銅損により大量の熱が発生するため[*1]，その熱を速やかに外部に逃がす構造を取らなければならない．一般に絶縁材料である油やガスはそのまま冷却媒体になる場合が多い．油絶縁変圧器の場合は，冷却媒体としての油

[*1] 鉄損および銅損の発生原理に関しては，OHM大学テキスト『電気機器学』を参照のこと．

図 11・2 柱上変圧器とパッドマウント変圧器

の循環方法として変圧器内の発生熱を油の自然対流で放出する**油入式**と油をポンプで強制循環させる**油送式**とに分類される．また，変圧器周囲に放熱するための冷却方式としては，**自冷式**，**水冷式**，**空冷式**の三つに分類される．一方，SF_6 ガスは冷却性にも優れ，自然対流のみによる冷却が可能で冷却媒体を循環させるための設備が不要になるなどの特徴を持つ．

なお，配電用油入変圧器は自然空冷のものが多いが，その筐体はひだ状になっている．これは外気との接触面積をできるだけ多く取り，効果的に放熱を行うためである．

〔3〕**電力用変圧器の巻線方式**

三相変圧器の巻線方法には**Y結線**と**△結線**があるが[*2]，Y結線の特徴は線電流と相電流が等しく，線間電圧は相電圧に比べ $\sqrt{3}$ 倍で位相が $\pi/6$ 進み，一方△結線は相電圧と線間電圧が等しく，線電流が相電流に比べ $\sqrt{3}$ 倍で位相が $\pi/6$ 進むという特徴を持つ．

これらの性質を利用し，一次側と二次側の結線方法を組み合わせると，**Y-Y結線**，**△-△結線**および**△-Y結線**という3種類の結線方法が可能となる．Y-Y結線は巻線電圧が線間電圧の $1/\sqrt{3}$ 倍となり，高電圧用に適している．また，回路構成上，**中性点接地**が容易であるという特徴も持つ．中性点接地の重要性に関しては次節で詳述する．一方，△-△結線は負荷電流（線電流）が相電

[*2] Y結線および△結線の原理に関してはOHM大学テキスト『電気機器学』を参照のこと．

図 11・3 △-Y結線

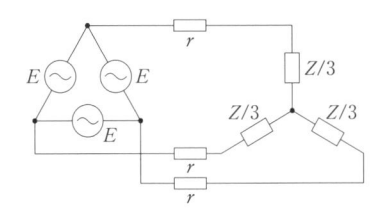

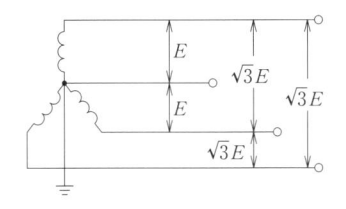

図 11・4 三相4線式回線

流の$\sqrt{3}$倍であるため，低電圧大電流に向いている．また，結線内で第3次高調波を還流する経路があるため，高調波ひずみの少ない出力が可能であるという特徴も持つ．上記2者の特性を併せた△-Y結線は，Y結線側から中性点を引き出し，△結線側で第3次高調波を抑制する効果を持ち，一般にY結線側を高圧側，△結線側を低圧側にして用いられる場合が多い．**図 11・3**に△-Y結線の回路図を示す．

なお，特殊な用途として**V結線**があるが，これは単相変圧器3台で△-△結線を構成している場合に1台が故障した際にも残りの2台で応急措置的に運転継続をする方法である．また，V結線の一種として，低圧配電線路では**灯動変圧器**と呼ばれる変圧器構成が多く用いられている．これにより，200 V三相3線式（動力負荷）と100 V単相2線式（電灯負荷）を同時に併せ持つ100/200 V三相4線式の一般的な家庭用引込線が可能となる．**図 11・4**に三相4線式の回路図を示す．

11・3 中性点接地方式

電力用変圧器の**中性点接地方式**は，送電系統の保安上非常に重要である．中性点を接地する主な目的は，（ⅰ）地絡故障時の異常電圧発生の防止，（ⅱ）1線地絡故障時の健全相の対地電位上昇の抑制，（ⅲ）地絡故障時の保護継電器（リレー）動作の確実化，が挙げられる．表11・1に各種中性点接地方式の分類を示す．

直接接地方式は送電線に接続する変圧器高圧側のY結線中性点を接地導体に直接接続し接地する方式であり，1線地絡時の健全相の電位上昇はほとんどなく，変電所の機器の絶縁レベルを著しく軽減でき，保護継電器を確実に動作させることから合理的な**絶縁協調**設計が容易となる（絶縁協調については9章の9・3節〔3〕も参照のこと）．一方，地絡時には地絡電流が大きくなるため，通信線や低圧・制御回路などへの電磁誘導障害を防止するための対策を施さなければならない．

抵抗接地方式は変圧器の中性点から抵抗器を介して接地極に接続する方式であり，高抵抗接地方式と低抵抗方式がある．我が国では主として電磁誘導障害抑制の観点から，高抵抗接地方式が取られている．この抵抗値は電磁誘導障害抑制や故障時の異常電圧の大きさ，地絡継電器の感度などを考慮して選定される．

一方，送電線路の対地静電容量と共振するようなリアクトルを用いた場合，地絡電流を0にして地絡アークを自然消弧することができる．この条件を満たすインダクタンス L_e は，各相導体の対地静電容量 C_s に対して次式，

表 11・1 各種中性点接地方式の比較

電圧階級区分	中性点接地方式
187 kV 以上	直接接地方式
154 kV	抵抗接地方式
	補償リアクトル接地方式
33〜66 kV	抵抗接地方式
	消弧リアクトル接地方式
	補償リアクトル接地方式
33 kV 未満 6.6 kV（配電系統）	非接地方式

$$L_e = \frac{1}{3\omega^2 C_s} \tag{11・1}$$

で与えられる．このような目的で設計された方式を**消弧リアクトル接地方式**といい，我が国では 66 kV および 77 kV の配電系統で多く採用されている．しかし，仮に系統構成の変更などで $L_e > 1/(3\omega^2 C_s)$ となってしまった場合，これは不足補償と呼ばれ，地絡時に異常電圧が発生する原因となるため，系統計画の際に注意が必要である．また，**永久故障**の場合は地絡継電器が動作できないため，消弧リアクトルに並列抵抗を挿入する必要がある．これは**補償リアクトル接地方式**とも呼ばれ，特に都市部など地中ケーブル送電線路が多く，対地静電容量が増加し系統内の対地充電電流が多い場合に採用される方式である．

上記の議論から明らかなように，1線地絡故障が発生した場合の健全相の電位上昇は，中性点の**接地インピーダンス**に大きく影響されることがわかる．一般に，この1線地絡故障時の健全相の電位上昇が平常時の1.3倍を超えないように設計された中性点接地を，**有効接地**と呼ぶ．上記の接地方式との関連で述べると，中性点直接接地および適切に設計された補償リアクトル接地は有効接地であるが，高抵抗および消弧リアクトル接地は**非有効接地**となる．

11・4 その他の変電機器

〔1〕遮断器および断路器

変電所に設置された**遮断器・断路器**は総称して**開閉器**あるいは**開閉装置**と呼ばれる．これらの機器は**潮流制御**および**保護制御**のために特定の回線を遮断したり接続したりする働きをする．また，発電所に設置される遮断器も同様で，この場合は発電機を系統から**解列**したり**並列**したりする働きをする．

一般に電流が流れている電気回路を開放（遮断）する場合，スイッチ部（接触子）で回路が切断された瞬間に切断された電極間の間隙にアーク放電が発生するのを日常的にも目にすることができるが，特に大電流が流れている高圧線の遮断器を開放する際には，巨大なアークが発生し，そのアークをどのように安全に速やかに消弧するかが問題となる．

一般に，交流遮断器の種類としては，アーク消弧のために用いる絶縁体によって，油遮断器，空気（気中）遮断器，**ガス遮断器**，**真空遮断器**などに分類さ

れるが，現在では火災や騒音の問題もあり，我が国では油遮断器や空気遮断器はほとんど用いられていない．ガス遮断器は，SF_6 ガスの優れた消弧性能，絶縁性能を利用して，スイッチを開放する際に発生するアークに SF_6 ガスを速やかに吹き付け，消弧するものである．安全かつ遮断能力に優れており，放電による騒音も小さく，一般に 22 kV 以上の線路に用いられている．また，真空遮断器は真空バルブ内で接触子を開閉するもので，アークは真空中で速やかに拡散し消滅する性質を利用している．真空遮断器は他の方式に比べ機器をコンパクトにすることができ，主に 22 kV 未満の線路で採用されている．

遮断器の動作は大きく分けて平常時動作と異常時動作に分類される．平常時動作は計画的な系統運用に基づき，中央給電司令所からの指令を受けて開閉動作を行うもので，例えば発電所の起動・停止時や潮流制御のための回線の切替時に付加電流や変圧器の励磁電流，線路の充電電流を遮断（開放）したり，接続（閉路）したりする動作である．

また，異常時動作は現在では保護継電器からの信号を受けて自動的に動作する場合がほとんどであり，短絡電流や地絡電流を速やかに遮断して，故障設備を系統から切り離す役割を果たしている．一般に遮断器が一旦開放されたのち，1秒以内で自動的に再閉路を行い，系統を健全状態に戻すことを**高速再閉路**といい，10秒〜1分以内を**低速再閉路**という[*3]．

また**断路器**は，受電設備の点検作業などの際，回路を回線から切り離すために使用する装置であり，遮断器と異なり負荷電流を開閉する性能を有しないため，開閉操作を行う際には無負荷状態にする必要がある．

〔2〕調相設備

電力系統にはできるだけ無効電力を発生させず，力率をできるだけ1に近づけることが望ましい．なぜならば，無効電力を伝送すると線路電流が増加するため送配電損失を引き起こすからである．一般に電力系統には電動機や変圧器といったリアクタンス成分を持つ電磁機器が多数接続されており，また8章や10章で議論したように架空送電線にはリアクタンス成分が，地中送電線（ケーブル）に

---

*3 高速再閉路については9章9・2節〔3〕も参照のこと．保護継電器の詳細に関しては12章を参照のこと．

はキャパシタンス成分が支配的に存在する．したがって，これらの逆成分を持つ無効電力を供給する設備，言い換えれば位相を調整する設備が必要である．これを**調相設備**という．また，調相設備による電力品質の調整を**力率改善**あるいは**無効電力補償**と呼ぶ．

最も簡単な調相設備としては，**コンデンサバンク**が挙げられる．これは一定容量の大容量コンデンサが複数用意されており，系統の無効電力の発生状況によって段階的に投入するというものである．また，同期発電機の位相角を制御すればある程度の無効電力を吸収・発生することが可能である[*4]．このような回転機は**同期調相機**と呼ばれ，長距離の送電線路の中間に設けると，系統全体の調相能力が系統上流の発電機のみによる場合に比べ向上する．

上記のような従来型の調相設備に対して，近年普及しつつある新しいタイプの調相設備としては，パワーエレクトロニクス技術を用いた静止型無効電力補償装置（SVC：Static Var Compensator）およびSTATCOMが挙げられる．SVCやSTATCOMはコンデンサなどの無効電力発生源をコンバータ（電力変換器）を介して系統に接続した構成を取っており，コンバータのスイッチング制御により広い範囲で無効電力を高速に制御できる特徴を持つ[*5]．「静止型」という名称は，従来の同期調相機が回転機であるのに対し，回転部分を持たないパワーエレクトロニクス機器で構成されていることに由来する．**図11・5**にSTATCOMの回路構成例を示す．

〔3〕避雷器

変電所引込み口用の避雷器は，原理としては9章で紹介したSPDと同様であり，近年は酸化亜鉛（ZnO）素子がもっぱら用いられている．しかし，変電所用避雷器は絶縁対策のため構造や外観が他の用途のものと大きく異なりセラミックがいしの中に埋め込まれ，塩害対策など耐汚損性能も十全に取られているのが特徴である．

[*4] 同期発電機の位相制御に関しては7章およびOHM大学テキスト『電気機器学』を参照のこと．

[*5] コンバータおよびそのスイッチング制御に関しては，OHM大学テキスト『パワーエレクトロニクス』を参照のこと．

演習問題

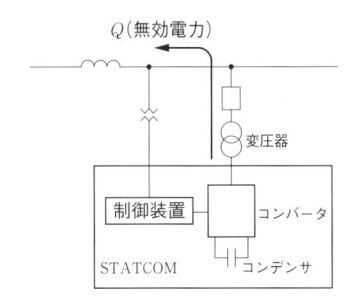

図11・5 STATCOMの回路構成例

演習問題

1 以下の(1)〜(4)の空欄に当てはまる語句を選択肢(a)〜(g)から選び回答せよ.

電力系統における変電所の役割は (1) による昇降圧だけでなく, (2) による電圧調整, 軽負荷時の (3) や重負荷時の (4) の投入による無効電力の調整, (5) による事故時の回線の切り離しなどがある.

選択肢：(a) 遮断器 (b) 断路器 (c) 負荷時タップ切替器 (d) 電力用コンデンサ (e) 分路リアクトル (f) 変圧器 (g) 発電機

2 以下の中性点接地方式のうち, (1) 1線地絡電流が最も大きいもの, (2) 1線地絡電流が最も小さいもの, (3) 66〜154 kVの送電線路に主に用いられているもの, を選択せよ.

選択肢：(a) 非接地方式 (b) 直接接地方式 (c) 抵抗接地方式 (d) 消弧リアクトル接地方式 (e) 補償リアクトル接地方式

3 SF_6 ガス絶縁遮断器の実用例・研究開発例について調査せよ. 調査にあたっては, 宣伝色の濃い企業の記事や参考文献が不明瞭な無記名記事は避け, 具体的な参考文献を挙げながらできるだけ客観性の保たれた最新の情報を調査すること.

4 SVCまたはSTATCOMの実用例・研究開発例について調査せよ.

12章 保護制御システム

本章では，電力系統による安定した電力供給を維持するのに欠かせない保護制御システムについて学ぶ．

12·1 保護リレーシステムの基本

現代社会は電力系統による電力供給に大きく依存しているが，電力系統は巨大で多くの部分は屋外に設置されているので，過酷な自然状況に曝されている．このため，雷落などの事故に会うことは避けられない．そこで，事故をすばやく検知し，故障個所を健全部分から切り離し，健全部分で電力輸送を継続するとともに故障個所への電力供給を断ち，故障を消滅させることが重要である．送電系統では故障を消滅させれば絶縁耐力を回復し送電再開が可能になることも多い．保護リレーシステムは，系統の状況を常時**モニター**し，モニターしたデータから故障状況を**分析**し，必要最小限の遮断器に遮断信号を送って**故障区間を切り離す**ことで，電力系統の供給信頼度を維持するための重要な役目を果たしている．

図 12·1 に保護リレーシステムの基本構成を示す．送電線電流などの系統情報を入力し，送電線②で系統事故が発生したと判断した場合は，遮断器 CB1，CB2 に遮断信号を発信し，遮断器を開放して送電線②を健全系統から切り離す．故障

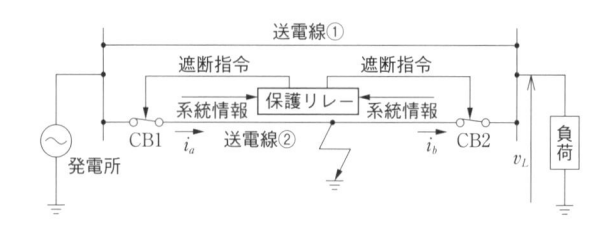

図 12·1 保護リレーの原理図

個所が切り離されれば，電力系統は送電線①を使って送電を継続できる．

保護リレーシステムに要求される性能として，
(1) **高速性と精度の両立**：故障による影響を短時間で解消するためには高速で動作することが求められるが，一方で保護すべき故障かそうでない故障か精度よく判別して動作しないと，不必要な範囲まで停電にしてしまう場合があるので，保護すべき故障だけを高速で保護することが求められる．
(2) **誤動作と誤不動作の防止**：故障でない状況で誤動作しないように，機械の調整，性能維持をすると同時に二重化などのチェック機能を備えることなどが必要であるが，一方で，肝心な時に動作しないことがないような仕組みにすることも重要である．

このように保護リレーは高い動作信頼度で設計されているが，単体機器の性能向上には限界があるので，電力系統ではシステムとしての信頼度を確保するため，さらに，主保護，後備保護という考え方でシステム設計をしている．主保護とは，当該送電線を保護するため，最初に高速で動作する保護であり，後備保護とは一定時間故障状況を観測し，前述の主保護が保護に失敗したと判断した場合に動作する保護である．

12・2 保護リレーシステムの種類

保護リレーには，**過電流リレー**（一定以上の電流が流れた時に動作），**過電圧リレー**（一定以上の電圧が発生した時に動作），**不足電圧リレー**（電圧が所定の値以下に低下した時に動作），**方向リレー**（故障地点の方向を判別し保護範囲内の故障の時のみ動作する），**距離リレー**（リレー設置点で電圧と電流を計測しインピーダンスを計算してその値から故障点までの距離を判別し，必要に応じて遮断器を動作させる），**電流差動リレー**（保護する設備の流入電流と流出電流の差を検出し，差が生じた時に動作する．例えば，図12・1のi_aとi_bを検出し差が生じた場合は，当該送電線に故障が発生したものと判断し動作する），**周波数リレー**（周波数を検出し，過周波数，不足周波数など所定の条件が発生した時に動作する）などがある．

過電流リレーの検出電流と動作時間の関係を限時特性と呼ぶ．図12・2に様々な過電流リレーの限時特性を示す．瞬時過電流リレーは，検出電流が設定電流

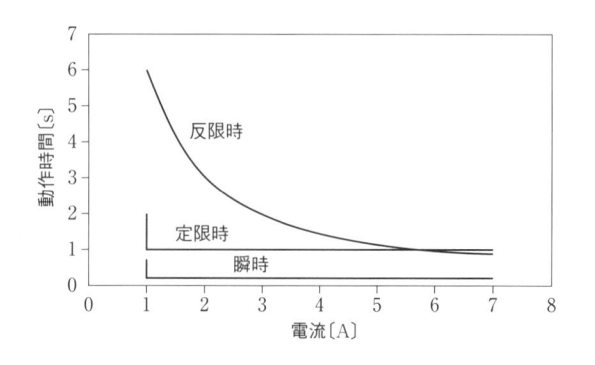

図12・2 過電流リレーの限時特性

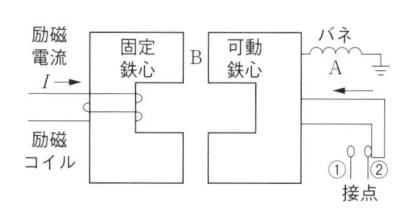

図12・3 可動鉄心形リレーの原理図

（図では1A）を越えると瞬時に動作する．定限時過電流リレーは設定電流を越えると，一定時間（図では1s）後に動作する．反限時過電流リレーも設定電流を越えると動作するがその時間は一定ではなく，電流が小さければ動作時間は長く，大きな電流が検出されれば短時間のうちに動作する．動作時間と検出電流の積は一定であることが多い．

距離リレーは検出データから故障点までの距離を算定する．その位置が自分が主保護として保護すべき範囲内と判断すれば短時間で遮断器を動作させ，他の遮断器が主保護として保護すべき地点の故障と判断した場合は，その主保護が動作する時間まで待ち，その時間を経過しても故障が除去されていない時は，後備保護として遮断器を動作させることになる．

保護リレーには動作原理から，**可動鉄心形リレー**，**誘導形リレー**，**アナログ電子式リレー**，**ディジタル形リレー**などの種類がある．図12・3に可

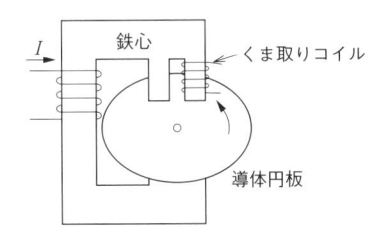

図12・4 誘導形リレーの構造

動鉄心形リレーの原理を示す．固定鉄心に大きな電流が流れると可動鉄心がばねの力に打ち勝って固定鉄心に引きつけられ接点が閉じる．（同じ動作で閉じた接点が開く方式もある）可動鉄心形リレーは構造が単純で高速な動作ができるが，動作時間を調整することは難しい．**図12・4**は**誘導形リレー**の原理を示す．これは単相誘導電動機や積算電力量計と同じ原理である．故障電流により鉄心が交流励磁され，くま取りコイルの働きで導体円板に回転トルクが発生し導体円板が回転する．そして，図示していないが，円板が所定の位置にくると接点が閉じる．この方式は，高速動作は難しいが，電流により円板の動作速度が変化するので，動作時間を設定することが容易である．アナログ**電子式リレー**とは，可動鉄心形，誘導形の二つの機械式リレーの機能をアナログ増幅器などの電子回路に置き換えたもので，電流を電圧信号に変換し，電子回路で処理して，比較器などで設定値と比較して，基準を越えると比較器の出力が故障指示レベルになり，それで遮断器を操作するものである．**ディジタル形リレー**はマイクロプロセッサを用いた一種のディジタル計算機であり，系統からの電圧，電流信号をA/D変換すると同時に適当な周期でサンプリングし，得られたディジタルデータを予め用意したプログラムに従って処理して，故障を判定し必要に応じて遮断器等に指令信号を送って故障を処理するものである．**図12・5**にディジタル形リレーの機能ブロック図を示す．系統の電圧，電流は計器用変圧器PT，計器用変流器CTによりディジタル形リレーで扱える電圧，電流レベルに変換した後，アナログフィルタ（AF）で高周波成分を除去し，サンプルホールド回路S/Hでサンプリングし，マルチプレクサ（MPX）で順次選択してA/D変換し，インターフェイスを介してCPU母線に送られる．CPUは予め用意したプログラムに従い，必要に応じてメモリーを用いながらデータを処理し，系統事故状況を判断し

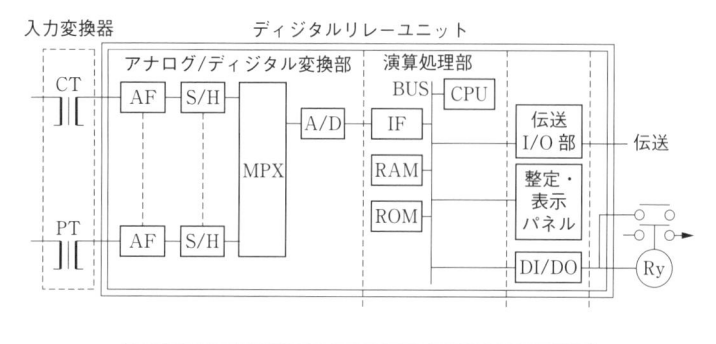

図12・5 ディジタル形リレーの機能ブロック図

て，最終的に，遮断器の動作指令をディジタル出力（DO）から出力する．判断の際，遮断器などの状況をディジタル入力DIから得たり，伝送経路を経由して他の保護装置と情報交換を行ったりする．また，運転状態を表示する整定・表示パネルを介して運転員からの操作指令も受け付ける．現在は，ディジタル形リレーが主に使われている．

図12・1では保護リレーが送電線の中間にあるようになっているが，実際は送電線のどちらかの端の変電所内に設置されることになる．（例えば右側の変電所）その場合，自端の電流（i_b）は容易に入手できるが，対向端の電流（i_a）は何らかの手段で伝送しないといけない．このように伝送路により情報を得て動作する方式を**パイロットリレー方式**と呼ぶ．伝送手段には，表示線と呼ばれる電線を両端間に敷設し，変流器二次側の電流そのものを流して用いる表示線方式と，検出した電流を一旦信号に変換し，その信号を搬送波に載せて伝送する搬送（キャリア）方式がある．搬送手段としては，送電線をそのまま用いるもの（電力線搬送：PLC），架空地線導体内の光ファイバーを用いるもの，無線を用いるものなどがある．

分散電源を含む系統では，商用系統で故障があり，電力供給が停止した場合は，逆潮流により故障区間が充電されたままになり，保守員の安全が脅かされるなど，二次被害が発生する場合がある．それを防ぐため，電力系統の保護リレーが働いた場合，その信号を分散電源サイトに送り，分散電源を系統に連系している遮断器などを遮断することがある．このように通信線などを介して遮断信号を伝送し，別の場所にある遮断器を動作させることを**転送遮断**と呼ぶ．

12·3 系統の各種異常現象とその保護

12・1節，12・2節では主に落雷などによる異常現象を想定した保護の話であったが，系統ではそれ以外にも異常現象が発生する．一つは電圧不安定問題である．

図 12·6 (a) は簡単な送電モデルである．送電線には抵抗分 r とリアクタンス分 X があるが，通常の送電線路では，$r \ll X$ であるので，r を省略しても基本的な特性は理解できるので省略している．また，負荷についても簡単のため無効電力分の無い純抵抗 R の負荷とした．この回路を流れる電流 I は，

$$I = V_s / \sqrt{X^2 + R^2} \tag{12・1}$$

と表わさせる．この I を用いれば，負荷端の電圧 V および電力 P はそれぞれ簡単に計算できる．試みに $V_s = 1.0$　$X = 0.5$ として，R を変化させた時の P-V 特性曲線を図 12·6 (b) に示す．この曲線は鼻のような形をしているのでノーズカーブとも呼ばれる．

最近の負荷は，パワーエレクトロニクス技術により高速で高度な制御を行っている場合が多い．インバータエアコンを例に挙げると，電源電圧が多少変動しても制御により常に一定の冷房能力を維持するように制御されている．このことは供給電源側から見ると，電圧が下がっても，一定の有効電力が消費されることを意味する（定電力負荷）．これは，従来の電熱器や白熱電球のようにインピーダンスが一定で電源電圧が下がるとその 2 乗に比例して有効電力が低下する負荷

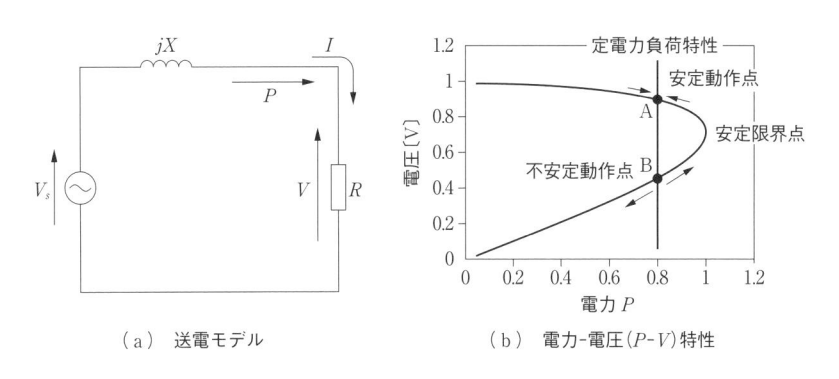

（a）送電モデル　　　　　（b）電力-電圧(P-V)特性

図 12·6　電力系統の電力-電圧特性

（定インピーダンス負荷）とは特性が異なる．定電力特性とは，電圧によらず電力が一定ということであるので，図12・6 (b) のP-V曲線上では垂直の直線になり，P-V曲線とは二つの交点A，Bを持つ．A点で，仮に動作点が左にずれたとすると，有効電力が減少するので，制御により電流を増加させて有効電力を増加させる．電流が増加すると当然送電線のリアクタンスXによる電圧降下も増加するので電圧は下降する．すなわち，動作点はAに戻る．このような特性からA点を安定動作点と呼ぶ．一方，B点で動作点が左にずれた場合も，有効電力が減少するので，制御により電流を増加させる．すると前述と同じようにXによる電圧降下が増加して，電圧は低下し，動作点はさらに左に移動してしまい，B点には戻らず電圧は低下を続けることになる．このような現象を**電圧不安定現象**と呼び，B点を不安定動作点と呼ぶ．P-V曲線で電力Pが最大になる点を安定限界点と呼び，P-V曲線のうち，安定限界点より上の部分を安定運転領域，下の部分を不安定運転領域と呼ぶ．電力系統では，安定領域で運転を維持する必要がある．

　電力系統の個々の発電機は同期化力により，電力系統の同期速度に対応した回転数で回転しており，電力系統の周波数は中央給電指令所で，系統全体の需要と供給力のバランスを取って維持している．したがって，電力系統の周波数が異常となる機会は限られている．その一つは，系統または発電機単独運転である．**図12・7** (a)，(b) に，系統に連系された発電機モデルと発電機単独時の周波数変動を示す．通常は発電機G1は送電線により発電機G2で代表される大きな電力系統に接続され同期運転されている．しかし，何らかの原因で，遮断器$\mathrm{CB_1}$が開放されると，発電機G1は単独状態となり，G2に電力を送ることができなくなる．発電機がローカルな負荷を持ち，一つの系統を構成した状態で電力系統と

(a) 系統に連系された発電機モデル

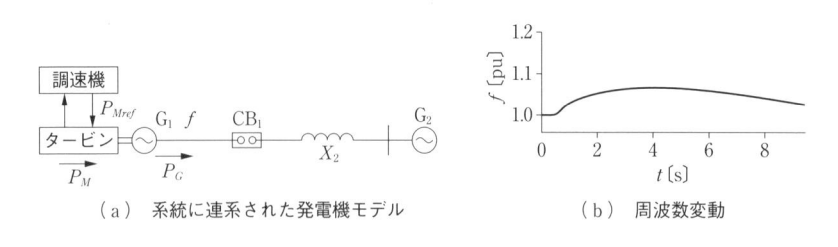

(b) 周波数変動

図12・7 系統単独時の周波数変動

分離された状態を系統単独，ローカルな負荷を持たず，発電機だけが分離された状態を発電機単独と呼ぶ．この場合，一般に発電機出力 P_G は大きく減少し，タービン系からの機械入力 P_M とのバランスが崩れて，発電機の回転数は上昇し，発電機端子電圧の周波数も図 12·7 (b) に示すように上昇する．調速機が回転角速度 ω の増加を検出し，タービン系に送る機械入力指令を減少させ，$P_M < P_G$ となると，周波数は減少に向かう．周波数の異常は，発電機の回転系に大きなストレスを与える．また，電力系統には，系統の周波数は一定という前提で設計された多くの機器が接続されているので，周波数異常は短時間で解消する必要がある．

その他に周波数異常になる現象として脱調現象がある．同期化力による復元限界を越えると，電気出力は減少し，機械入力とのバランスが崩れ，発電機回転子の速度が上昇し，そのことが発電機の位相を進めてさらに電気出力が減少し，加速が進み，ついには発電機の回転速度は電力系統で決まる同期速度とは異なる値になり，電気出力が正負の値を繰り返すことになる．この状態を**脱調**と呼ぶ．脱調状態では電気出力の平均値はゼロとなるが大きな電流が流れるので，一旦系統から切り離し，前述の単独運転と同様に調速機で機械入力を絞って回転子の回転速度の上昇を止め，同期速度に戻す必要がある．

12·4 変流器と計器用変圧器

電力系統の電流，電圧は 1 000 A，500 kV というように非常に大きなものであり，直接保護リレー装置に入力することはできないので，何らかの手段で変換する必要がある．このような機器を総称して**変成器**（または計器用変成器）と呼び，電流を変換する装置を変流器（CT），電圧を変換する装置を計器用変圧器（VT：Voltage Transformer，以前は PT：Potential Transformer とも呼ばれた）と呼ぶ．

変流器には，電磁式や光学式などのものがある．電磁式は昔からよく使われてきた方法で，一種の変圧器である．図 12·8 に変成器の接続状態を示す．電磁式の変流器は，系統側の一次巻線は巻数が少なく，二次巻線の巻数は多い．例えば，一次側の定格電流が 1 000 A で二次側が 5 A であれば，一次側巻数を 1 回としても，二次側は 200 回巻く必要がある．二次側は電流計で短絡状態にしてあ

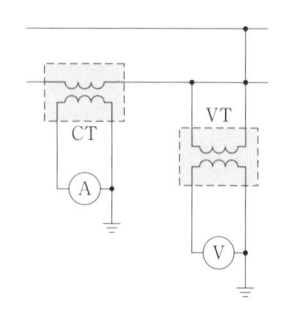

図12・8 変流器，計器用変圧器の接続回路

る．変圧器の特性により，一次側の電流が巻数比すなわち 1/200 に低減されて二次側に流れることになる．この電流で保護リレーを作動させる．変流器では，二次側は常に短絡状態にしておく必要がある．二次側を開放状態にして通電すれば二次側に過大な電圧が発生して機器が破損する．光学式変流器とは，磁界中を光が通過すると磁界強度に応じて光の位相が変化するという**ファラデー効果**を利用したものである．電流を図りたい導線に光ファイバーを巻き，電流を流せば，光ファイバー内に磁界が発生するので，入力光と出力光の位相差を検出することで，電流を計測することができる．電磁式と異なり直流電流も測定できる．

　計測用変圧器には，電磁式のものと，キャパシタにより電圧を分圧する方式のものが主に使われている．電磁式では，変流器とは逆に一次巻線の巻数が多く，二次巻線の巻数は少ない．例えば，$6.6\,\mathrm{kV}$ を $100\,\mathrm{V}$ にする場合は，例えば一次側 66 回，二次側 1 回とする．これにより，一次側電圧が 1/巻数比すなわち 1/66 倍となって二次側に発生する．キャパシタ分圧は，キャパシタを直列に数多く接続し，その一部に発生する分圧電圧を保護リレーに用いるものである．超高電圧では，電磁式が難しいので，よく使われる．電磁式で発生する飽和現象もない．他に，光学式がある．これは，ある種の結晶に電界を印加すると，電界強度に応じて屈折率が変化する**ポッケルス効果**を利用するもので，測定したい電圧により結晶中に電界を印加し，偏光面の揃ったレーザー光を通過させて，出力光の強度変化として電圧を測定する．光学式を光 PD（Potential Device）と呼ぶこともある．

演習問題

1 主保護，後備保護の違いを簡単に説明しなさい．

2 保護リレーの動作原理を二つ挙げ，簡単に説明しなさい．

3 定格電圧 77/6 kV，定格容量 10 000 kVA の受電用変圧器の一次側に過電流リレーを施設した時，変圧器定格電流の 180% 過負荷時に継電器を動作させるためには，継電器の電流タップとして何 A を使用したらよいか？ ただし，変流器 (CT) の変流比は 150 A/5 A とする．（電験 3 種，平成 2 年 A 問題を改変）

4 100 A の故障電流で 2 秒で動作する反限時保護リレーが，0.5 秒で動作した．故障電流はおよそ何 A であったか？

5 計器用変圧器の方式を二つ以上挙げて簡単に説明しなさい．

6 図 12・6 で安定限界点の電力 P と電圧 V を X と V_s を用いて表しなさい．

13章 故障計算と対称座標法

電力システムが雷などの自然界からの外乱（擾乱）を受け，三相交流送電線で地絡故障などが発生すると，故障でない別の相（健全相）にも電圧上昇などの異常現象が発生し，機器の破損や通信線への誘導障害を与える．本章では故障が生じた場合の電圧，電流を求める故障計算法と，三相不平衡回路を取り扱う一般的な手法である，対称座標法について解説する．

13·1 故障の形態

電力システムに故障が発生すると，故障した送電線や機器はシステムから速やかに除去されねばならない．もし除去が遅れると，故障が波及し異常な電圧などにより，健全な機器にまで影響が及び広範囲の停電が起こってしまう．故障を除去するために保護リレーシステムがあり，その指令を受けて遮断器が故障線路の切り離しを行う．この保護リレーの整定，遮断器の容量などを決定するために，系統情報である**故障電圧，電流**を算出する**故障計算**が必要となる．

故障の原因の多くは，雷，氷雪風雨などの自然現象であり，2回線送電線に落雷があると，非対称故障である**一線地絡故障**（全故障の 70% 程度），**二線地絡故障**（10% 程度）などが発生する．その他，線間短絡や断線故障，対称故障であり最も厳しい条件を与えるが稀にしか起こらない**三相短絡故障**などがあ

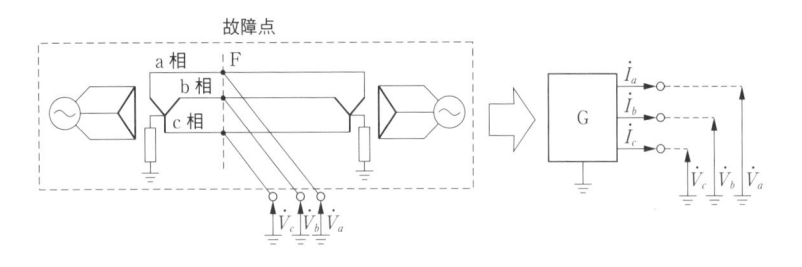

図 13·1 地絡・短絡故障模擬のための等価三相発電機

る．

　電力システム送電線内のある点Ｆにおいて，故障が発生したときの故障点における電圧・電流の計算は，**図 13·1** に示すように，故障点から仮想的に 3 本の端子を引出し，この仮想端子先端において故障が発生するものとして取り扱うことができる．このとき仮想端子からは電力システムをあたかも等価三相発電機であるかのようにみなせる．ブラックボックスとしてまとめられた，この等価三相発電機では，機器，線路も三相対称なシステムであり，引き出した端子には三相対称な電圧が発生しており，端子から見て対称な内部インピーダンスを持つ．

13·2 対称座標法

　対称座標法は，1918 年 C. L. Fortescue によって提案された，不平衡多相回路の問題を扱う有効な方法であり，単相負荷の接続や一線および二線地絡，短絡，断線などの非対称となる回路の故障計算に広く用いられている．

　三相平衡回路は，単相回路と同様に取り扱えるが，電源が非対称な場合や負荷が不平衡の場合にはその計算が複雑になる．**図 13·2** に示すように，対称座標法では三つの不平衡なベクトルが，三つの平衡なベクトルの成分に分解できるという証明をもとに，分解された平衡な回路で解析を行い，それを合成して不平衡回

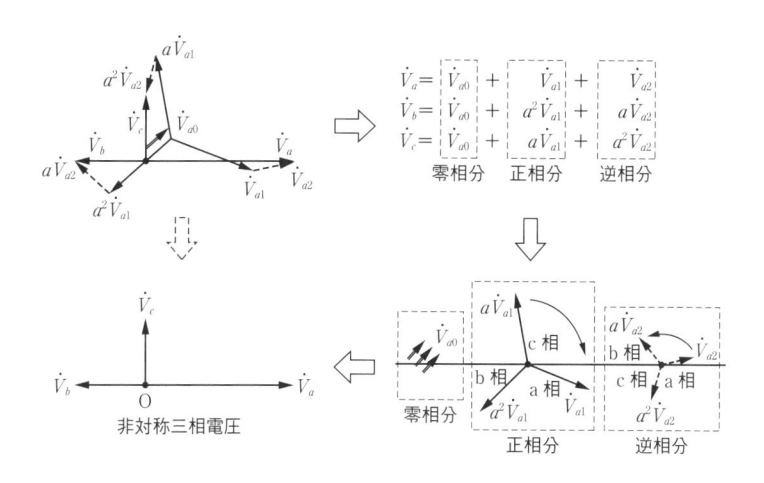

図 13·2　三相不平衡ベクトルから得られた対称分ベクトル

路の解を得ている．それぞれの平衡分は**正相分**，**逆相分**，**零相分**と呼ばれており，図13・2に示されるように，大きさが等しく，120度の位相差をもつベクトル（相順が時計回りにa→b→c）と相順が逆のベクトル（a→c→b），さらに大きさが等しく，位相差が0度のベクトルで表現される．

〔1〕対称分の式

各相の電圧を $\dot{V}_a, \dot{V}_b, \dot{V}_c$ としたときの零相分，正相分，逆相分の電圧は次式で定義される．

$$\begin{aligned}
\text{零相電圧} \quad & \dot{V}_0 = \frac{1}{3}(\dot{V}_a + \dot{V}_b + \dot{V}_c) \\
\text{正相電圧} \quad & \dot{V}_1 = \frac{1}{3}(\dot{V}_a + a\dot{V}_b + a^2\dot{V}_c) \quad \text{または} \quad \begin{bmatrix} \dot{V}_0 \\ \dot{V}_1 \\ \dot{V}_2 \end{bmatrix} = \frac{1}{3} \begin{bmatrix} 1 & 1 & 1 \\ 1 & a & a^2 \\ 1 & a^2 & a \end{bmatrix} \begin{bmatrix} \dot{V}_a \\ \dot{V}_b \\ \dot{V}_c \end{bmatrix} \\
\text{逆相電圧} \quad & \dot{V}_2 = \frac{1}{3}(\dot{V}_a + a^2\dot{V}_b + a\dot{V}_c)
\end{aligned}$$

(13・1)

ただし，$a = e^{j120°}$ であり，反時計方向に120°回転させる演算子となり，

$[T] = \begin{bmatrix} 1 & 1 & 1 \\ 1 & a^2 & a \\ 1 & a & a^2 \end{bmatrix}$, $[T]^{-1} = \frac{1}{3}\begin{bmatrix} 1 & 1 & 1 \\ 1 & a & a^2 \\ 1 & a^2 & a \end{bmatrix}$ は変換行列となる．

式(13・1)は，非対称電圧ベクトルを対称電圧ベクトルに分解する関係式である．この式から逆に各相の電圧を対称分で表すと次式となる．

$$\begin{aligned}
& \dot{V}_a = (\dot{V}_0 + \dot{V}_1 + \dot{V}_2) \\
& \dot{V}_b = (\dot{V}_0 + a^2\dot{V}_1 + a\dot{V}_2) \quad \text{または} \quad \begin{bmatrix} \dot{V}_a \\ \dot{V}_b \\ \dot{V}_c \end{bmatrix} = \begin{bmatrix} 1 & 1 & 1 \\ 1 & a^2 & a \\ 1 & a & a^2 \end{bmatrix} \begin{bmatrix} \dot{V}_0 \\ \dot{V}_1 \\ \dot{V}_2 \end{bmatrix} \\
& \dot{V}_c = (\dot{V}_0 + a\dot{V}_1 + a^2\dot{V}_2)
\end{aligned}$$

(13・2)

これらの式から，零相分は単相交流であり，正相分および逆相分は対称三相交流であるから，前述のように非対称三相交流は一つの単相交流と2組の対称三相交流との重ね合わせで表現されることがわかり，計算を簡単な単相交流で行うことができる．

〔2〕等価三相発電機の基本式

図13・3に示すような自己インピーダンス，相互インダクタンスが各相で等しい等価三相発電機を考える．

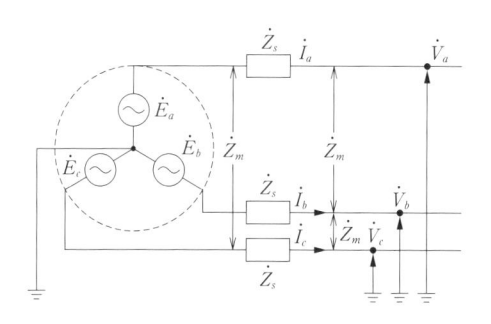

図13・3 等価三相発電機

無負荷時の誘起電圧 $\dot{E}_a, \dot{E}_b, \dot{E}_c$ と端子電圧 $\dot{V}_a, \dot{V}_b, \dot{V}_c$ の関係は次式となる．

$$\begin{bmatrix}\dot{V}_a\\\dot{V}_b\\\dot{V}_c\end{bmatrix}=\begin{bmatrix}\dot{E}_a\\\dot{E}_b\\\dot{E}_c\end{bmatrix}-\begin{bmatrix}\dot{Z}_s & \dot{Z}_m & \dot{Z}_m\\\dot{Z}_m & \dot{Z}_s & \dot{Z}_m\\\dot{Z}_m & \dot{Z}_m & \dot{Z}_s\end{bmatrix}\begin{bmatrix}\dot{I}_a\\\dot{I}_b\\\dot{I}_c\end{bmatrix} \quad \text{または} \quad [V]=[E]-[Z][I] \quad (13\cdot3)$$

ここで，$\dot{Z}_s$ は自己インピーダンス，$\dot{Z}_m$ は相互インピーダンスである．

この式の左辺から変換行列 $[T]^{-1}$ を掛けて電圧，電流，インピーダンスを対称分に変換する．$[T]^{-1}[V]=[T]^{-1}[E]-[T]^{-1}[Z][T][T]^{-1}[I]$ より，

$$\begin{bmatrix}\dot{V}_0\\\dot{V}_1\\\dot{V}_2\end{bmatrix}=\begin{bmatrix}\dot{E}_0\\\dot{E}_1\\\dot{E}_2\end{bmatrix}-\begin{bmatrix}\dot{Z}_s+2\dot{Z}_m & 0 & 0\\0 & \dot{Z}_s-\dot{Z}_m & 0\\0 & 0 & \dot{Z}_s-\dot{Z}_m\end{bmatrix}\begin{bmatrix}\dot{I}_0\\\dot{I}_1\\\dot{I}_2\end{bmatrix} \quad (13\cdot4)$$

ここで，発電機の内部誘起電圧は対称三相電圧であるため，正相電圧 $\dot{E}_1$ は a 相電圧 $\dot{E}_a$ に等しく，零相，逆相電圧 $\dot{E}_0, \dot{E}_2$ は 0 になる．また，零相インピーダンス $\dot{Z}_0=\dot{Z}_s+2\dot{Z}_m$，正相インピーダンス $\dot{Z}_1=\dot{Z}_s-\dot{Z}_m$，逆相インピーダンス $\dot{Z}_2=\dot{Z}_s-\dot{Z}_m$ を導入して，書き換えると次式となる．

$$\begin{bmatrix}\dot{V}_0\\\dot{V}_1\\\dot{V}_2\end{bmatrix}=\begin{bmatrix}0\\\dot{E}_a\\0\end{bmatrix}-\begin{bmatrix}\dot{Z}_0\dot{I}_0\\\dot{Z}_1\dot{I}_1\\\dot{Z}_2\dot{I}_2\end{bmatrix} \quad (13\cdot5)$$

これが**等価三相発電機の基本式**と呼ばれ，端子電圧と電流の関係を表す非常に重要な式である．

またこの式から，図 13・4 に示す対称分等価回路が得られる．

ここで起電力は，零相回路，逆相回路にはなく，正相回路のみに存在してお

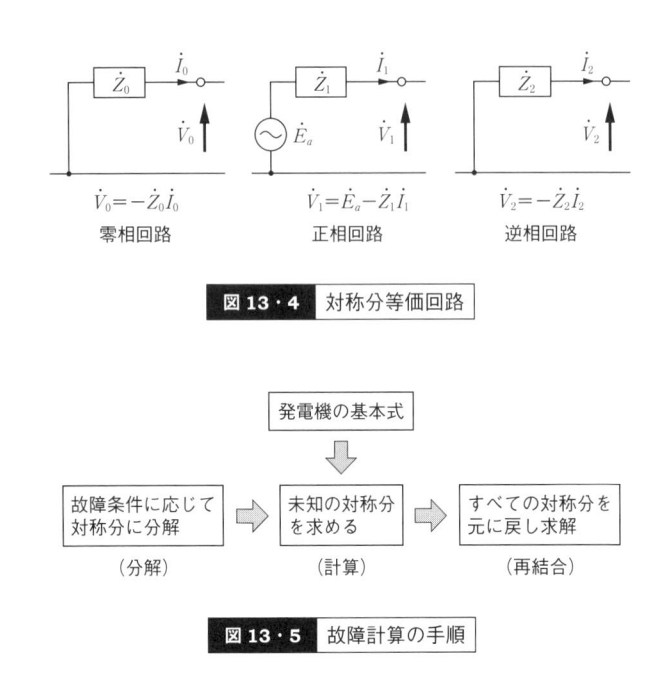

零相回路: $\dot{V}_0 = -\dot{Z}_0 \dot{I}_0$
正相回路: $\dot{V}_1 = \dot{E}_a - \dot{Z}_1 \dot{I}_1$
逆相回路: $\dot{V}_2 = -\dot{Z}_2 \dot{I}_2$

図 13・4 対称分等価回路

発電機の基本式

故障条件に応じて対称分に分解（分解） ⇒ 未知の対称分を求める（計算） ⇒ すべての対称分を元に戻し求解（再結合）

図 13・5 故障計算の手順

り，故障のない正常な運用は正相回路で行われていることがわかる．

13・3 故障計算

前節で説明した対称座標法を用いて各種の故障が生じたときに発生する電圧，電流の計算を行う．具体的な故障計算の手順は**図 13・5**に示すように，対称分インピーダンス，正相電圧を既知とし，与えられた故障条件によって電圧，電流を対称分に分解し，等価発電機の基本式を組み合わせることにより未知の対称分を求める．さらに求まった対称分を実用系に変換して，実際の故障時の回路の電圧および電流を求める．ここで未知数は電圧，電流の対称分の6個，故障条件と発電機の基本式で方程式は計六つとなり解くことができる．以下に，代表的な故障計算を例として示していく．

〔1〕一線地絡故障

等価三相発電機の端子 a において地絡故障が発生した場合の，故障点での地絡

電流 $\dot{I}_a$,健全相の電圧 $\dot{V}_b$,$\dot{V}_c$ を求めてみる.この故障条件は,回路が閉じていない端子 b,c には電流が流れず,地絡した端子 a の電圧は 0 となるので次式となる.

$$\dot{I}_b = \dot{I}_c = 0, \dot{V}_a = 0 \tag{13·6}$$

これらを対称分で分解すると,

$$\dot{I}_b = \dot{I}_0 + a^2\dot{I}_1 + a\dot{I}_2 = 0,\ \dot{I}_c = \dot{I}_0 + a\dot{I}_1 + a^2\dot{I}_2 = 0,\ \dot{V}_a = \dot{V}_0 + \dot{V}_1 + \dot{V}_2 = 0 \tag{13·7}$$

となる.よって等価三相発電機の基本式も用いると,次式のように対称分電圧,電流が求まる.

$$\begin{aligned}
&\dot{I}_b - \dot{I}_c = (a^2-a)\dot{I}_1 + (a-a^2)\dot{I}_2 = 0 \quad \therefore\ \dot{I}_1 = \dot{I}_2 \\
&\dot{I}_b = \dot{I}_0 + (a^2+a)\dot{I}_1 = \dot{I}_0 - \dot{I}_1 = 0 \quad \therefore\ \dot{I}_0 = \dot{I}_1 = \dot{I}_2 \\
&\dot{V}_a = \dot{V}_0 + \dot{V}_1 + \dot{V}_2 = -\dot{I}_0\dot{Z}_0 + (\dot{E}_a - \dot{I}_1\dot{Z}_1) - \dot{I}_2\dot{Z}_2 = 0
\end{aligned} \tag{13·8}$$

ここで,$a^2 - a \neq 0$,$a^2 + a + 1 = 0$ の条件を利用している.

$$\therefore\ \dot{I}_0 = \frac{\dot{E}_a}{\dot{Z}_0 + \dot{Z}_1 + \dot{Z}_2}$$

$$\dot{V}_0 = -\dot{I}_0\dot{Z}_0 = -\frac{\dot{Z}_0\dot{E}_a}{\dot{Z}_0 + \dot{Z}_1 + \dot{Z}_2},\ \dot{V}_1 = \dot{E}_a - \dot{Z}_1\dot{I}_1 = \frac{(\dot{Z}_0 + \dot{Z}_2)\dot{E}_a}{\dot{Z}_0 + \dot{Z}_1 + \dot{Z}_2},$$

$$\dot{V}_2 = -\dot{Z}_2\dot{I}_2 = -\frac{\dot{Z}_2\dot{E}_a}{\dot{Z}_0 + \dot{Z}_1 + \dot{Z}_2}$$

したがって,求める一線地絡電流,電圧は以下のように与えられる.

$$\begin{aligned}
\dot{I}_a &= \dot{I}_0 + \dot{I}_1 + \dot{I}_2 = \frac{3\dot{E}_a}{\dot{Z}_0 + \dot{Z}_1 + \dot{Z}_2} \\
\dot{V}_b &= \dot{V}_0 + a^2\dot{V}_1 + a\dot{V}_2 = \frac{-\dot{Z}_0\dot{E}_a + a^2(\dot{Z}_0 + \dot{Z}_2)\dot{E}_a - a\dot{Z}_2\dot{E}_a}{\dot{Z}_0 + \dot{Z}_1 + \dot{Z}_2} \\
&= \frac{(a^2-1)\dot{Z}_0 + (a^2-a)\dot{Z}_2}{\dot{Z}_0 + \dot{Z}_1 + \dot{Z}_2}\dot{E}_a \\
\dot{V}_c &= \dot{V}_0 + a\dot{V}_1 + a^2\dot{V}_2 = \frac{-\dot{Z}_0\dot{E}_a + a(\dot{Z}_0 + \dot{Z}_2)\dot{E}_a - a^2\dot{Z}_2\dot{E}_a}{\dot{Z}_0 + \dot{Z}_1 + \dot{Z}_2} \\
&= \frac{(a-1)\dot{Z}_0 + (a-a^2)\dot{Z}_2}{\dot{Z}_0 + \dot{Z}_1 + \dot{Z}_2}\dot{E}_a
\end{aligned} \tag{13·9}$$

また,対称分等価回路の接続は,対称分電流が等しいことなどから直列接続となり,図 13·6 で与えられる.

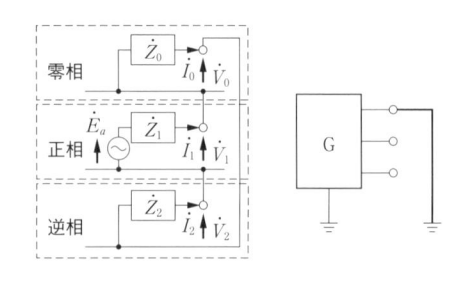

図13・6 a相地絡故障に対する対称分等価回路

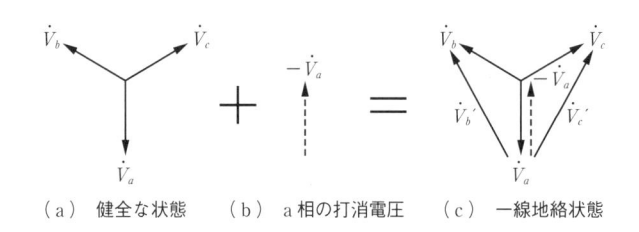

(a) 健全な状態　(b) a相の打消電圧　(c) 一線地絡状態

図13・7 健全相の対地電圧上昇

　ここで，中性点非接地系統で一線地絡故障が発生した場合の健全相の電圧を考えてみると，$Z_0 = \infty$ となるので式(13・9)より，

$$\dot{V}_b = (a^2 - 1)\dot{E}_a = \sqrt{3}\left(-\frac{\sqrt{3}}{2} - j\frac{1}{2}\right)E_a = \sqrt{3}E_a e^{j210°}$$

$$\dot{V}_c = (a - 1)\dot{E}_a = \sqrt{3}\left(-\frac{\sqrt{3}}{2} + j\frac{1}{2}\right)E_a = \sqrt{3}E_a e^{j150°}$$

(13・10)

となり，**図13・7**に示すようにa相の電圧をゼロとするために $-\dot{V}_a$ を対称三相電圧に重畳させたベクトル図から，健全相の対地電圧 $\dot{V}_b'$，$\dot{V}_c'$ は故障前電圧（相電圧 $\dot{V}_b$，$\dot{V}_c$）に対して $\sqrt{3}$ 倍に上昇することがわかる．

　また，**図13・8**に示すように樹木接触などでa相の地絡が，故障インピーダンス $\dot{Z}$ で発生した場合の故障条件は次式となる．

$$\dot{I}_b = \dot{I}_c = 0, \quad \dot{V}_a = \dot{I}_a \dot{Z} \tag{13・11}$$

前述の手順と同様にして地絡電流を求めると，

$$\dot{V}_a = \dot{V}_0 + \dot{V}_1 + \dot{V}_2 = -\dot{I}_0\dot{Z}_0 + (\dot{E}_a - \dot{I}_1\dot{Z}_1) - \dot{I}_2\dot{Z}_2 = \dot{I}_a\dot{Z} = (\dot{I}_0 + \dot{I}_1 + \dot{I}_2)\dot{Z}$$

(13・12)

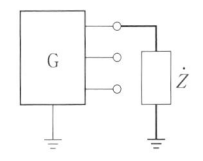

図13・8 等価発電機端子の状況

より，対称分電流は，

$$\dot{I}_0 = \frac{\dot{E}_a}{\dot{Z}_0 + \dot{Z}_1 + \dot{Z}_2 + 3\dot{Z}} = \dot{I}_1 = \dot{I}_2 \tag{13・13}$$

となり，求める地絡電流，健全相電圧は，

$$\dot{I}_a = \frac{3\dot{E}_a}{\dot{Z}_0 + \dot{Z}_1 + \dot{Z}_2 + 3\dot{Z}}$$

$$\dot{V}_b = \frac{(a^2-1)\dot{Z}_0 + (a^2-a)\dot{Z}_2 + 3a^2\dot{Z}}{\dot{Z}_0 + \dot{Z}_1 + \dot{Z}_2 + 3\dot{Z}}\dot{E}_a,$$

$$\dot{V}_c = \frac{(a-1)\dot{Z}_0 + (a-a^2)\dot{Z}_2 + 3a\dot{Z}}{\dot{Z}_0 + \dot{Z}_1 + \dot{Z}_2 + 3\dot{Z}}\dot{E}_a \tag{13・14}$$

となる．

〔2〕二線地絡故障

等価三相発電機の端子 b，c において地絡故障が発生した場合の，故障点での地絡電流 $\dot{I}_b, \dot{I}_c$ および健全相の電圧 $\dot{V}_a$ を求める．この故障条件は，

$$\dot{V}_b = \dot{V}_c = 0 \qquad \dot{I}_a = 0 \tag{13・15}$$

であり，対称分に分解し整理すると次式が得られる．

$$\begin{aligned}&\dot{V}_b = \dot{V}_0 + a^2\dot{V}_1 + a\dot{V}_2 = 0 \\ &\dot{V}_c = \dot{V}_0 + a\dot{V}_1 + a^2\dot{V}_2 = 0\end{aligned} \quad \text{より}$$

$$\dot{V}_b - \dot{V}_c = (a^2-a)\dot{V}_1 + (a-a^2)\dot{V}_2 = 0 \qquad \therefore \quad \dot{V}_1 = \dot{V}_2 \tag{13・16}$$

$$\dot{V}_b = \dot{V}_0 + (a^2+a)\dot{V}_1 = \dot{V}_0 - \dot{V}_1 = 0 \qquad \therefore \quad \dot{V}_0 = \dot{V}_1 = \dot{V}_2$$

等価三相発電機の基本式も用いると，次式のように対称分電圧，電流が求まる．

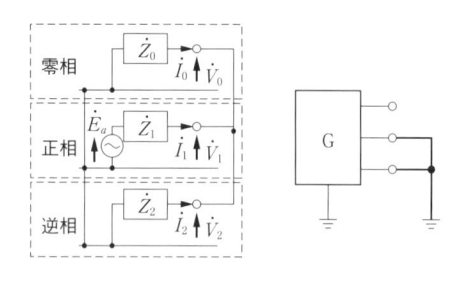

図13・9 b, c相地絡故障に対する対称分等価回路

$$\dot{I}_a = \dot{I}_0 + \dot{I}_1 + \dot{I}_2 = -\frac{\dot{V}_0}{\dot{Z}_0} + \frac{\dot{E}_a - \dot{V}_1}{\dot{Z}_1} + \frac{\dot{V}_2}{\dot{Z}_2} = 0$$

$$\left(\frac{1}{\dot{Z}_0} + \frac{1}{\dot{Z}_1} + \frac{1}{\dot{Z}_2}\right)\dot{V}_0 = \frac{\dot{E}_a}{\dot{Z}_1} \quad (13 \cdot 17)$$

$$\therefore \quad \dot{V}_0 = \dot{E}_a \frac{\dot{Z}_0 \dot{Z}_2}{\dot{Z}_0 \dot{Z}_1 + \dot{Z}_1 \dot{Z}_2 + \dot{Z}_2 \dot{Z}_0} = \dot{V}_1 = \dot{V}_2$$

$$\dot{I}_0 = -\frac{\dot{V}_0}{\dot{Z}_0} = \frac{-\dot{Z}_2}{\dot{Z}_0 \dot{Z}_1 + \dot{Z}_1 \dot{Z}_2 + \dot{Z}_2 \dot{Z}_0} \dot{E}_a$$

$$\dot{I}_1 = \frac{\dot{E}_a - \dot{V}_1}{\dot{Z}_1} = \frac{\dot{Z}_0 + \dot{Z}_2}{\dot{Z}_0 \dot{Z}_1 + \dot{Z}_1 \dot{Z}_2 + \dot{Z}_2 \dot{Z}_0} \dot{E}_a$$

$$\dot{I}_2 = -\frac{\dot{V}_2}{\dot{Z}_2} = \frac{-\dot{Z}_0}{\dot{Z}_0 \dot{Z}_1 + \dot{Z}_1 \dot{Z}_2 + \dot{Z}_2 \dot{Z}_0} \dot{E}_a$$

したがって，求める二線地絡電流，電圧は以下のように与えられる．

$$\dot{I}_b = \dot{I}_0 + a^2 \dot{I}_1 + a\dot{I}_2 = \frac{(a^2-a)\dot{Z}_0 + (a^2-1)\dot{Z}_2}{\dot{Z}_0 \dot{Z}_1 + \dot{Z}_1 \dot{Z}_2 + \dot{Z}_2 \dot{Z}_0} \dot{E}_a$$

$$\dot{I}_c = \dot{I}_0 + a\dot{I}_1 + a^2 \dot{I}_2 = \frac{(a-a^2)\dot{Z}_0 + (a-1)\dot{Z}_2}{\dot{Z}_0 \dot{Z}_1 + \dot{Z}_1 \dot{Z}_2 + \dot{Z}_2 \dot{Z}_0} \dot{E}_a \quad (13 \cdot 18)$$

$$\dot{V}_a = \dot{V}_0 + \dot{V}_1 + \dot{V}_2 = 3\dot{V}_0 = \frac{3\dot{Z}_0 \dot{Z}_2}{\dot{Z}_0 \dot{Z}_1 + \dot{Z}_1 \dot{Z}_2 + \dot{Z}_2 \dot{Z}_0} \dot{E}_a$$

また，対称分等価回路の接続は，対称分電圧が等しいことなどから並列接続となり，図13・9で与えられる．

〔3〕三相短絡・三相地絡故障

三相が短絡，地絡する故障は，これまでの非対称故障と異なり対称故障とな

表 13・1　故障接続分類

		直接解析法		対称座標法	
		故障形態	条件	故障形態	条件
非対称故障	1LG 一線地絡	(a, b, c図)	$\dot{V}_a = 0$ $\dot{I}_b = \dot{I}_c = 0$	(零相・正相・逆相回路図)	$\dot{V}_0 + \dot{V}_1 + \dot{V}_2 = 0$ $\dot{I}_0 = \dot{I}_1 = \dot{I}_2$
非対称故障	2LG 二線地絡	(a, b, c図)	$\dot{V}_b = \dot{V}_c = 0$ $\dot{I}_a = 0$	(零相・正相・逆相回路図)	$\dot{V}_0 = \dot{V}_1 = \dot{V}_2$ $\dot{I}_0 + \dot{I}_1 + \dot{I}_2 = 0$
非対称故障	2LS 二線短絡	(a, b, c図)	$\dot{V}_b = \dot{V}_c$ $\dot{I}_a = 0$ $\dot{I}_b + \dot{I}_c = 0$	(零相・正相・逆相回路図)	$\dot{V}_1 = \dot{V}_2$ $\dot{I}_0 = 0$ $\dot{I}_1 + \dot{I}_2 = 0$
対称故障	3LG 三相地絡	(a, b, c図)	$\dot{V}_a = \dot{V}_b = \dot{V}_c = 0$	(零相・正相・逆相回路図)	$\dot{V}_0 = \dot{V}_1 = \dot{V}_2 = 0$
対称故障	3LS 三相短絡	(a, b, c図)	$\dot{V}_a = \dot{V}_b = \dot{V}_c$ $\dot{I}_a + \dot{I}_b + \dot{I}_c = 0$	(零相・正相・逆相回路図)	$\dot{V}_1 = \dot{V}_2 = 0$ $\dot{I}_0 = 0$

り，その扱いは簡単となる．三相が短絡されて接地しない場合を考えると故障条件は，

$$\dot{V}_a = \dot{V}_b = \dot{V}_c, \qquad \dot{I}_a + \dot{I}_b + \dot{I}_c = 0 \qquad (13・19)$$

となる．対称分電圧，電流は，

$$\dot{V}_0 = \dot{V}_1 = \dot{V}_2 = 0, \qquad \dot{I}_0 = \dot{I}_2 = 0, \qquad \dot{I}_1 = \frac{\dot{E}_a}{\dot{Z}_1} \qquad (13・20)$$

であり，正相回路のみに電流が流れることがわかる（三相地絡故障の場合も同様である）．これより，等価回路は接続されず独立となり，短絡電流は次式のように求まる．

$$\dot{I}_a = \dot{I}_0 + \dot{I}_1 + \dot{I}_2 = \frac{\dot{E}_a}{\dot{Z}_1}, \qquad \dot{I}_b = a^2 \frac{\dot{E}_a}{\dot{Z}_1}, \qquad \dot{I}_c = a \frac{\dot{E}_a}{\dot{Z}_1} \qquad (13・21)$$

これらより，対称故障の場合は対称座標法を用いなくても，通常の対称三相回路の解法，つまり単相回路（正相回路）として解析し，他の相は位相をそれぞれ a^2 で240°，a で120°ずらしたものと同じであることがわかる．

表13・1に故障形態，条件，対称分回路の接続などを一覧表にしたものを示す．

演習問題

1 対称三相電流，$\dot{I}_a = I$，$\dot{I}_b = a^2 I$，$\dot{I}_c = aI$ の対称分電流を求めよ．また，この電流が $\dot{I}_a = 0$ となり非対称電流となった時の対称分電流を求めよ．

2 式(13・3)から式(13・4)を導いてみよ．

3 b，c相で2線短絡故障が起こった場合に，各相に流れる電流を求めよ．

4 三相が同一のインピーダンス $\dot{Z}_f$ を介して地絡故障した場合に，各相に流れる電流を求めよ．

5 a相で一線断線故障が起こった場合の断線点間に現れる電圧を求めよ．

14章 配電系統

本章では，送電系統で送電された電力が一般需要家へ供給されるまでの配電系統について，その構成，用いられる機器，特性などについて学ぶ．

14・1 配電系統の構成

送電系統で送電された電力は需要地にある**配電変電所**と呼ばれる変電所で主に 6.6 kV または 22 kV に降圧され，一般需要家に供給される．配電変電所から一般需要家までの電力系統を**配電系統**（Distribution System）と呼ぶ．図 14・1 に配電系統の概念図を示す．配電用変圧器の二次側母線からは複数の配電線が接続される．二次側の電圧は，6.6 kV が多いが，最近は 22 kV，33 kV も増加している．母線からは複数の**給電線（フィーダ）**が出ている．給電線は地下ケーブルであることが多く，高圧用配電線が敷設されている電柱の地点で地上に出て，高圧配電線に接続される．配電用変圧器とそれに関連する装置一式を**バンク**と呼ぶ．配電用変電所は複数のバンクで構成されることが多い．高圧配電線

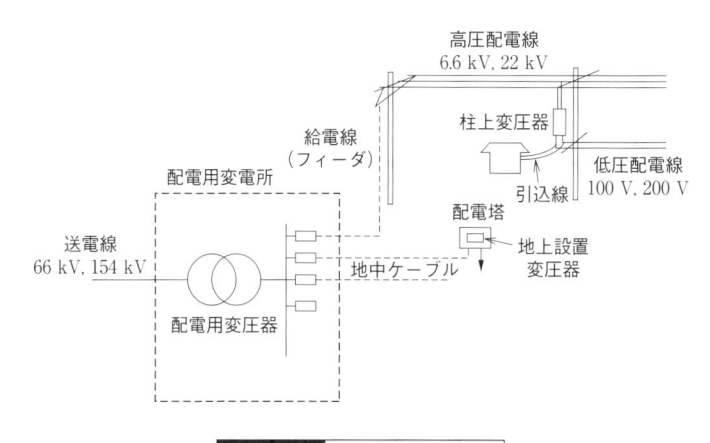

図 14・1 配電系統の概念図

の線間電圧は 6.6 kV が多いが，22 kV も増えている．高圧配電線の電圧を，柱上変圧器により，100 V，200 V に降圧し，引込線を介して需要家に供給する．一部は，低圧配電線を介して付近の需要家に供給される．最近は，地中配電も増加している．この場合は，地中ケーブルにより配電され，地上に設置された配電塔の中の地上設置変圧器で降圧され需要家に供給される．図示していないが，6.6 kV で直接受電する高圧需要家や，22 kV，33 kV で受電する特別高圧（特高）需要家などの大口需要家へ供給する系統も配電系統に含まれる．

〔1〕高圧配電系統の構成

図 14・2 に高圧配電系統の一例を示す．配電系統はフィーダ，幹線，分岐線で構成されている．幹線の中に区分開閉器がいくつか挿入されている．一般に幹線と分岐線は**樹枝状**に構成されている．**樹枝状方式**は，隣接する樹枝状高圧配電系統を結合開閉器（実際は区分開閉器と同じもの）を閉じて結合すると，配電変電所から出た高圧配電系統が幹線を経由して再び変電所に戻ることになる．これを**ループ方式**と呼ぶ．樹枝状系統は構成が単純で，潮流制御も不要であるが，線路故障が生じるとそこから末端までの需要家はすべて停電してしまうので，通常は結合開閉器を開いて樹枝状で運用し，線路故障などが発生した場合は，結合開閉器を閉じて，隣接する高圧配電系統から電力供給をして，ループ方式と同じ信頼度を確保する運用が一般的である．

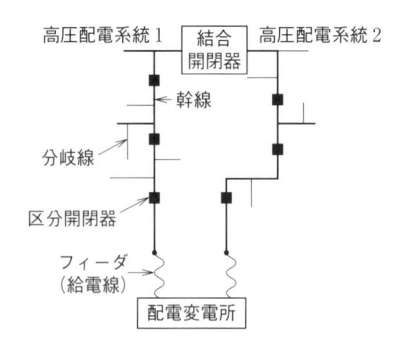

図 14・2 高圧配電系統の構成方式

14・1 配電系統の構成

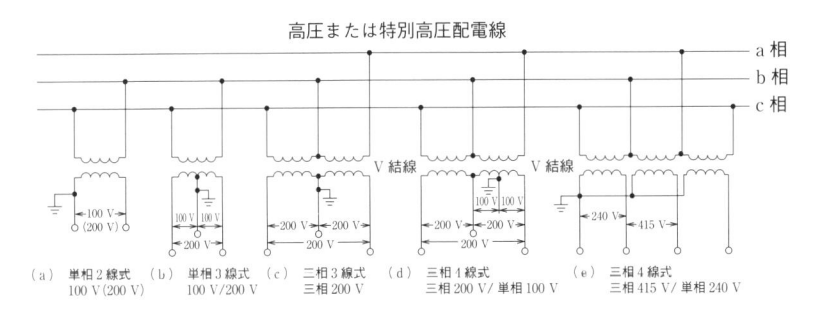

図14・3 低圧配電系統の構成

〔2〕低圧配電系統の構成

図14・3に示すように低圧配電系統には種々の構成がある．

(a)は**単相2線式**で2本の線で一般家庭または小口需要家に単相の100Vまたは200Vを供給する．

(b)は**単相3線式（単三式）**で，柱上変圧器の200Vの二次側巻線に中間タップを設け，中間タップと両端の間でそれぞれ100V，両端間で200Vを供給する方式である．一般家庭または小口需要家でもっともよく使われている低圧配電系統の方式である．中間タップを接地するので，対地最高電圧も100Vになり安全性が高い．

(c)は三相3線式で，線間200Vの三相電圧を電動機（動力用需要）などに供給するための方式である．図では，2台の変圧器を一つの相（図ではb相）を共通として結線して三相の電力を得るV結線方式の場合を示している．この方式以外に3台の変圧器を用いた△結線方式もある．

(d)は，三相4線式で，(b)と(c)を併せた方式である．単相電力と三相電力を同時に供給できる．

(e)は，400Vの三相4線式である．この場合の4線は各相と接地された中性線の4本であるので，(d)と混同しないようにする必要がある．変圧器は△-Y結線になっている．我が国では少ないが，欧州では標準的な方式である．

以上が，一般的な構成であるが，高い信頼度を要求される系統では，**本線・予備線方式，スポットネットワーク方式，レギュラーネットワーク方式**が採用される．

14章 配 電 系 統

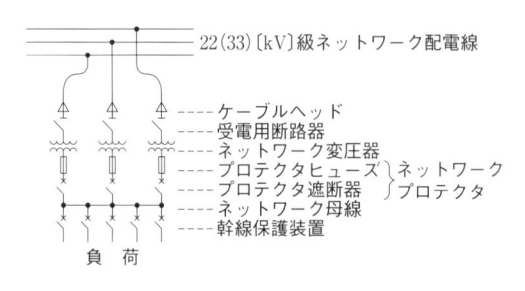

図14・4 スポットネットワーク方式

　本線・予備線方式とは，大口需要家が経路の違う二つの高圧配電線で電力供給を受ける方式で，常時使用している配電線を本線，本線が故障した時に切替えて給電する配電線を予備線と呼ぶ．

　スポットネットワーク方式とはその名の通り，スポットすなわち一地点への電力供給方式であり，都心部の高層ビルや大工場などが対象である．図14・4にスポットネットワーク方式の構成例を示す．22 kVまたは33 kV特別高圧配電線2回線以上で受電し（図は3回線），それぞれに変圧器を接続し，その低圧側を**母線**（ネットワーク母線）で共通化している．このようにすることで，1回線で故障が発生しても電力供給を続けることができ，信頼度が向上する．スポットネットワーク方式の特徴は，高価な高圧側（22(33)kV側）の遮断器を省略している点である．（高圧側には遮断能力の無い断路器だけが設置されている）保護機能は低圧側のネットワークプロテクタ（プロテクタヒューズとプロテクタ遮断器で構成されている）が受け持っている．特別高圧配電線で故障が発生した場合，プロテクタ遮断器が開放され故障配電線は切り離されるが，変圧器も切り離されるので残った変圧器の負担が増すというデメリットもある．故障点が復旧して当該回線が復旧すれば，それを確認してプロテクタ遮断器が再投入されて元の運用状態に戻る機能もあるので，高い信頼度を確保できる．

　図14・5はレギュラーネットワークの構成である．これは，繁華街など面的広がりのある高負荷密度地域へ電力を供給する方式である．広い範囲の低圧系統を結ぶ必要があるので，低圧側をスポットネットワークの場合のような母線ではなく，ケーブルで共通化している．連系ケーブルには，短絡保護用のリミッタヒューズが取り付けられている．レギュラーネットワークの低圧側配電系統構成は，

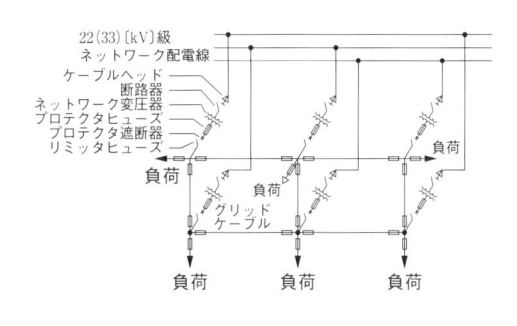

図14・5 レギュラーネットワークの構成

三相4線式 210/400〔V〕方式である場合が多い．

14・2 配電系統の機器

図 14・6 に電柱の機器構成を示す．主な構成要素は，支持物（電柱），電線，がいし，柱上変圧器などである．また，図には示していないが区分開閉器も重要な構成要素である．電柱は初期は木柱であったが，最近は堅牢で寿命が長いコンクリート製がほとんどである．電線は樹木接触による地絡故障防止，公衆および作業安全の面から絶縁被覆を施した絶縁電線が用いられている．配電系統の場合，配電線の最上位には，配電線や機器への落雷を防ぐための架空地線が設けられることがある．その下には，高圧配電線が高圧がいしにより固定される．続いて低圧配電線が低圧がいしにより固定されている．さらにその下に柱上変圧器が取り付けられている．高圧配電線の電圧は，高圧引下げ線，高圧カットアウトを介して柱上変圧器に印加され，降圧されて低圧カットアウトを経由して低圧配電線に接続される．

地中配電の場合，遮断器や変圧器などの機器は，地上に設置された配電塔（一種のキュービクル）に格納されている（図 14・7）．地中配電は主に管路式で，地中に管路を敷設し，その中にケーブルを通すことになる．200～300 m 間隔で人孔（マンホール）を設け，そこから電線をいれる．配電塔は設置スペースが限られているので，多くの機器を一度に格納することが難しく，多回路開閉器配電塔，パッドマウント変圧器配電塔というように機能を分離して格納されることが

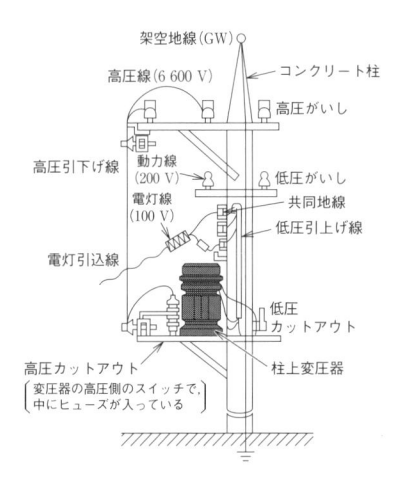

図14・6 電柱の機器構成

図14・7 配電塔の外観

多い．パッドマウント変圧器は，開閉器，高圧カットアウト，変圧器などを組み合わせて一つの配電塔に格納したものである．

　高圧配電系統の保護には**区分開閉器**が用いられる．図14・8に示すように区分開閉器は高圧配電系統をいくつかの区分に分離できるように複数個配置される．

　区分開閉器は，線路故障時には故障を除去するとともに，健全区域には短時間で供給を復旧させる働きをする．図14・8の区間Ⅳで故障が発生したとしてその

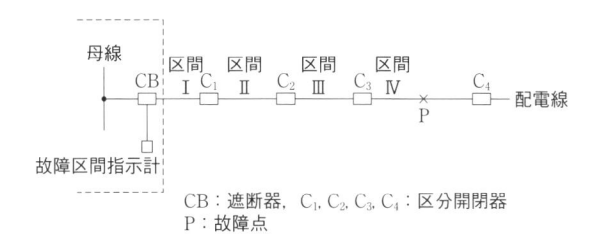

CB：遮断器，C_1, C_2, C_3, C_4：区分開閉器
P：故障点

図 14・8 区分開閉器による保護

動作を説明する．故障が発生すると，配電変電所の遮断器 CB が開放されるとともに，区分開閉器も一斉に開放される．一定時間後に CB が再閉路されると区間 I が充電される．区分開閉器は再充電を検出すると，予め設定されている一定時間後に再閉路するように設計されているので，配電変電所に近い区間から順次再充電されていく．しかし，区間 IV の故障が継続している場合は，C_3 が再閉路した時点で再び故障電流が流れ，CB と C_1〜C_3 が開放される．さらに一定時間が経過すると，再び，CB が再投入され，C_1，C_2 も再び再閉路するが，C_3 はロックされて再閉路しないように設計されているので，故障が継続していても再度故障電流が流れることはなく，区間 III まで供給された状態で運転が継続する．配電用変電所では，CB 再投入から再び故障電流が発生するまでの時間から故障区間が判定できるので復旧作業を迅速に開始できる．

14・3 配電系統の特性

配電系統の特性として，電圧降下，高調波，フリッカなどの項目がある．

まず，高圧配電系統の電圧降下について説明する．末端に集中負荷のある場合は，7・1 節で説明しているので省略する．

送電系統では負荷は線路の末端（変電所）にのみ存在するが，配電系統では負荷は末端だけでなく，線路の中間点にも存在することが多い．この時の電圧降下は末端のみの時のように解析的に解くことは難しい．最近は電力系統解析ソフトウェアが発達しているので，それらを用いればこのような場合でも電圧降下を容易に求めることができる．ここでは，負荷が一様に分布していると仮定して解析的に解いてみる．**図 14・9** は，単相線路で区間 l〔km〕の間に負荷が一様に分布

14章 配電系統

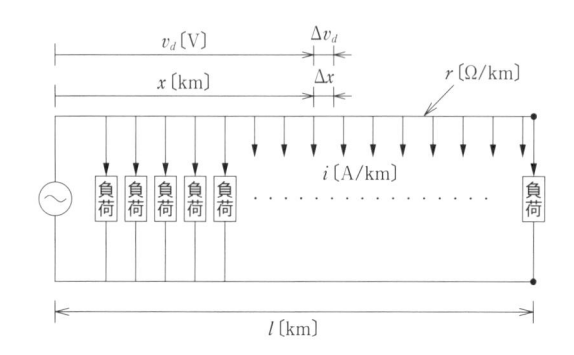

図14・9 分布負荷の配電系統

している場合を示している．簡単のため，線路のリアクタンス分は無視できるものとし，抵抗分は r〔Ω/km〕とし，負荷は1km当たり i〔A〕の割合で一様に分布し力率は1としている．送電端から x〔km〕までの電圧降下が v_d〔V〕であったとすると，その近傍の微小区間 Δx での電圧降下 Δv_d は

$$\Delta v_d = (l-x) i r \Delta x \tag{14・1}$$

となるので，これを解いて送電端から x までの電圧降下 v_d を求めると

$$\begin{aligned} v_d &= \int_0^x (l-x) i r\, dx \\ &= ir\left(lx - \frac{x^2}{2}\right) \end{aligned} \tag{14・2}$$

となる．すなわち，中間点の電圧降下は送電端からの距離の二次関数として変化する．末端の電圧降下 $v_d(l)$ は以下のようになる．

$$v_d(l) = ir\frac{l^2}{2} = il \cdot \frac{l}{2} r \tag{14・3}$$

式(14・3)から分布負荷の場合の線路の末端の電圧降下は，中間点 ($x=l/2$) に線路の全負荷 (il) が集中している場合の電圧降下と同じである．

配電線の電圧降下により，需要家の電圧も下がる．**電気事業法で配電電圧は，100V系は101±6〔V〕，200V系は202±20〔V〕と定められている**ので，電圧を維持する必要がある．需要家は1地点に集中しているわけではなく広範囲に分布しているので，配電系統にあるすべての需要家の電圧を規定値に維持するのは難しい問題である．電圧の制御のため，自動電圧調整器

14・3 配電系統の特性

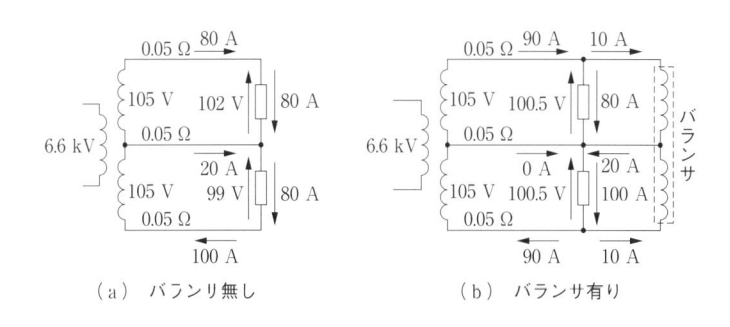

（a）バランリ無し

（b）バランサ有り

図 14・10 バランサによる電圧の均等化

（SVR：Step Voltage Regulator）と呼ばれる単巻きの変圧器を高圧配電系統に挿入したり，調相キャパシタを設置したりする．

単相3線式配電では，負荷のアンバランスにより，偏った電圧低下などの問題が発生する．これを防ぐ手段として，バランサがある．バランサは単巻変圧器の一種で二つの巻線の電圧が等しくなるように電流を流す装置である．バランサがない場合に中性線に流れる電流の半分の電流がバランサに流れることにより，単相3線式の二つの100 V系統の電圧の差を改善できる．**図14・10**にバランサの有無による電流分布を示す．簡単のため，配電線は抵抗分のみを考え，負荷は力率1の定電流負荷とする．バランサが無いと，負荷端の電圧が102 Vと99 Vとアンバランスになるが，バランサを負荷端に設置すると無い場合の中性線電流20 Aの半分の10 Aが両端から流れ込むようになり，その結果，配電線の電流は90 Aでバランスし，負荷端電圧も100.5 Vで等しくなる．

その他の配電系統の電源品質として，高調波，瞬時電圧低下，フリッカについて説明する．

高調波・波形ひずみ：実際の電力輸送設備においては，電圧波形，電流波形ともに理想的な正弦波ではなく歪んでいる．歪み波形は式(14・4)に示すように多くの周波数成分の合成として表わされる．

$$v = \frac{a_0}{2} + \sum_{n=1}^{\infty} A_n \sin(2\pi n f t + \theta_n) \qquad (14・4)$$

ここで，$\frac{a_0}{2}$ は直流成分，A_n, θ_n は各周波数成分の大きさと位相である．

$n>2$ の周波数成分を高調波と呼ぶ．高調波は，機器の誤動作や，電力系統に接続されたキャパシタなどの機器の発熱などの問題を起こすことがある．多くの機器で交流電力を整流回路で一旦直流に変換して利用しているが，その整流回路の電流に高調波が多く含まれており，高調波は増加する方向にあるので，抑制のために，機器に関するIECやJISなどの規格や大口需要家が守るべきガイドラインが作成されている．

瞬時電圧低下：電力系統で落雷などが発生すると，9章で説明したように，フラッシオーバーにより送電線と大地が短絡した状態になり，送電線の電圧は大きく低下する．12章で説明した保護装置により当該線路が系統から切り離されるまでの短時間この電圧低下が続く．この現象を**瞬時電圧低下（瞬低）**と呼ぶ．瞬低の継続時間は大体，数十msから1，2s程度である．白熱電球やモータなどは，瞬低の影響をあまり受けないが，パワーエレクトロニクス応用機器や電磁開閉器は影響を受けやすい．

対策としては，
(1) 重要な機器には無停電電源装置（UPS）を導入する．
(2) コンピュータなどの電源回路にバッテリーまたは大容量のキャパシタを接続する．
(3) 保護回路を高度化し，瞬低では停止しないようにする．

などの対策がされている．

フリッカ：配電系統の電圧が周期的に変動すると，電灯や蛍光灯などの照明器具の明るさが変動してちらつきが発生する．この現象を**フリッカ**と呼び，限度を越えると人に不快感を与えるので対策が必要になる．主に電炉や，溶接機のように間欠的に大電流を流す機器による現象であるが，配電系統には，種々の新しい機器や分散電源など新しい変動要因も増加している．フリッカは，人間が不快に感じるかどうかということを考慮する必要がある．大体10Hz程度の変動に敏感に反応すると言われている．

フリッカに対する対策としては，
(1) 発生源の需要家に専用線で配電する．必要に応じてより高い電圧階級で供給容量の大きい系統から直接配電する．
(2) 太線化など，電線のインピーダンスを下げる．
(3) 無効電力補償装置を設置する．

などがある．

演習問題

1 単相3線式とはどのような配電方式か図を示して説明しなさい．

2 図14・11のような単相3線式配線路がある．系統の中間点に図のとおり負荷が接続されており，末端のAC間に太陽光発電設備が逆変換装置を介して接続されている．各部の電圧および電流が図に示された値であるとき，次の（a）および（b）に答よ．

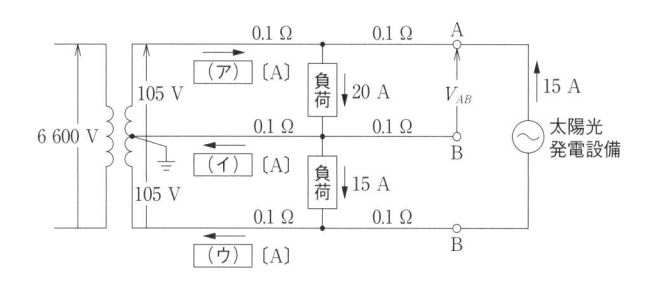

図14・11

ただし，図示していないインピーダンスは無視するとともに，線路のインピーダンスは抵抗であり，負荷の力率は1，太陽光発電設備は発電出力電流（交流側）15 A，力率1で一定とする．
(a) （ア），（イ），（ウ）の電流〔A〕を求めなさい．
(b) V_{AB}〔V〕を求めなさい．（電験3種平成19年B問題を改変）

3 電柱に設置されている機器を四つ挙げ，それぞれ機能を簡単に説明しなさい．

4 スポットネットワーク方式の構成図と機器の名称を記しなさい．

5 繁華街への電力供給に用いられるのはスポットネットワーク方式，レギュラーネットワーク方式のどちらか？

15章 将来の電力発生輸送

本章では，昨今のエネルギー事情をうけて，新しい電源の課題と今後の展望，また，新たな送配電系統の可能性と展望について述べる．

15・1 新しい電源の課題と将来展望

再生可能エネルギーに関する技術的基本知識は6章で詳述したが，本節では，将来の電力エネルギーシステムの構築に焦点を当て，課題と将来展望を俯瞰する．

〔1〕分散型電源

再生可能エネルギーとともに近年着目されている新しい電源方式として，**分散型電源**が挙げられる．分散型電源は単に地理的に分散しているだけでなく，電力会社の中央給電司令所から監視・制御ができないこと，送電系統ではなく配電系統に接続される場合もあることなど，従来の「集中制御方式」の電源と異なる性質も持つ．このような限定的・受動的な制御性のため，かつては電力の安定供給に貢献しない副次的な電源と見られていた経緯もあるが，近年は新しい情報通信技術（ICT）を駆使した制御性能の優れた分散型電源も多数提案され，電力の安定供給に積極的に貢献できる「スマートグリッド」の重要な構成要素として注目されつつある（スマートグリッドについての詳細は次節で述べる）．以下，新しい分散型電源として注目を浴びている**燃料電池**と**電力貯蔵装置**について簡単に紹介する．

燃料電池の概念は古く，既に19世紀初めには原理が発見されており，1960年代には宇宙船アポロに搭載されるなどの歴史を持っている．燃料電池は変換効率が高く，小型化も可能でどこにでも設置でき，環境への影響がほとんどないため，地球環境問題や次世代自動車応用として近年ますます注目されている．

燃料電池の原理は，下記の化学式，

15・1 新しい電源の課題と将来展望

表 15・1 主な燃料電池の分類

項目＼種類	固体高分子形 (PEFC)	りん酸形 (PAFC)	固体電解質形 (SOFC)	溶融炭酸塩形 (MCFC)
電解質	イオン交換膜	りん酸 (H_3PO_4)	ジルコニア (ZrO_2)	炭酸塩 (Li_2CO_3, K_2CO_3)
イオン伝導体	H^+	H^+	O^{2-}	CO_3^{2-}
燃料（反応ガス）	H_2	H_2	H_2, CO	H_2, CO
原燃料	天然ガス，LPG，メタノール	天然ガス，LPG，メタノール，ナフサ，軽質油	天然ガス，LPG，メタノール，ナフサ，軽質油，石炭ガス	天然ガス，LPG，メタノール，ナフサ，軽質油，石炭ガス
運転温度（℃）	常温～100	170～210	900～1 000	600～700
発電効率（％）	45～60	35～45	50～60	45～60
設備容量	1～数百 kW	数十～数百 kW	100 k～100 MW	数百 k～数百 MW
主な用途	家庭用，自動車用，自家発電用	自家発電用，分散型電源用	分散型電源用，大規模発電用	分散型電源用，大規模発電用

空気極（正極）：$1/2\, O_2 + 2H^+ + 2e^- \rightarrow H_2O$

燃料極（負極）：$H_2 \rightarrow 2H^+ + 2e^-$

に示すとおり，空気極より酸素（O_2）を取り込み，燃料極から水素（H_2）を取り込み電解質内で反応させ，水（H_2O）を発生させると同時に電子（e^-）を取り出すことにある．

燃料電池は電解質の種類により**表 15・1**に示す**リン酸形燃料電池（PAFC），溶融炭酸塩形燃料電池（MCFC），固体電解質形燃料電池（SOFC），固体高分子形燃料電池（PEFC）**の4種類に分類される．このうち PEFC は 100℃ 以下で動作し，扱いやすく小型化が可能なため，自動車用や家庭用の燃料電池として近年注目を浴びている．一方，一般に運転温度が高いほど発電効率が高く大規模電源に適しているため，電力用としては SOFC や MCFC が主に用いられている．今後の実用化のためには発電効率の向上，電解質である固体高分子膜や白金触媒等の低コスト化，長寿命化が課題である．

一方，電気エネルギーは直接的に貯蔵することが不可能であるため，他のエネルギー形態（位置エネルギー，運動エネルギー，化学エネルギー，磁気エネルギーなど）に変換し蓄えなければならない．分散型電源の多くは変動性を持つ電源

であることが多く，一時的に大容量の電気エネルギーを貯蔵できる電力貯蔵システムは，重要な技術課題となりつつある．

従来用いられ技術が確立されている電力貯蔵システムとしては，**揚水発電**が挙げられる（ただし，揚水発電は数十万 kW もの容量を持つため，分散型電源には分類されない）．また，**フライホイール**は電気エネルギーを回転エネルギーとして，**超電導電力貯蔵**（**SMES**）は磁気エネルギーとして蓄積する電力貯蔵システムであり，数 kW 程度のものはすでに実用化され商用運転しているが，大電力用途としては今後のさらなる研究が必要であると言われている．また，この他に，**空気圧縮貯蔵**，**氷蓄熱貯蔵**などの方式も現在実用化に向け開発が進められている．

電気エネルギーを化学エネルギーとして貯蔵する装置として，最も身近なものに**二次電池**[*1]がある．現在，電力用二次電池として開発されているものとしては，**鉛蓄電池**，**レドックスフロー電池**，**NAS 電池**が挙げられる．鉛蓄電池は自動車用バッテリーとしても利用されており現在最も一般的な二次電池であるが，セルを多数スタックすることにより，大容量化が可能である．鉛蓄電池の欠点は従来，充放電回数が多くなると性能が劣化すること，廃棄の際に有害物質である鉛の処理が難しいこと，などが挙げられていたが，近年の研究開発によりこれらはほぼ克服され，例えば風力発電所の出力平滑用として応用されている．**レドックスフロー（Redoxflow）電池**は，Reduction（還元），Oxidation（酸化），Flow（流れ）という単語から作られた造語で，価数の変化するバナジウムイオンを含む希硫酸電解液をタンクに備え，還元・酸化を起こす電池セルに送液循環して充放電する電力貯蔵電池である．また，**NAS 電池**は，負極活物質にナトリウム（Na），正極活物質に硫黄（S），その間に固体電解質のベータアルミナというナトリウムイオンのみを通す性質を持ったファインセラミックスを用いており，このベータアルミナを介して正極と負極間をナトリウムイオンが移動することにより充放電が行うものである．レドックスフロー電池および NAS 電池ともに 1990 年代前後から開発が始まり，現在までに出力が数十〜数千 kW，電池容量としては数百〜数万 kWh といった比較的大容量の設備が国内で商用運

[*1] 電池は一次電池と二次電池に区別される．一次電池は放電のみが可能な電池であり，二次電池は充電および放電が可能な電池である．二次電池は蓄電池とも称される．

転している.ただし,大容量の電力用二次電池は主にコストの問題から充分な普及には多くの解決すべき課題がある.

〔2〕分散型電源の系統連系問題

家庭用太陽電池や燃料電池など小規模の分散型電源が電力系統に大量導入された場合に発生するあらたな技術的課題が存在する.例えば,インバータから発生する高調波は厳しく制限されている.また保守保安員の安全確保の観点から,系統事故時には素早く事故を検出して出力を停止する**単独運転防止**機能を有さなければならない.さらに,配電系統では**電圧上昇抑制問題**が大きな課題として挙げられる.従来の電力系統では潮流は発電所から需要家に向かって常に一定方向であることが暗黙の前提条件として設計・運用されている.一般に,変電所から配電線の末端に行くほど電圧が低下するため,一定の距離ごとに電圧を昇圧し,系統末端でも定められた供給電圧(95~107 V)を維持しなければならないことが義務づけられているが,この配電線の末端や途中に分散型電源が多数接続され,電力の逆潮流が起こると,想定以上の高い供給電圧が発生してしまう場合がある.この問題を解決するためには,配電網の設計や運用を根本的に見直す必要があり,技術的には解決不可能でないもののそのコスト負担をどのように配分するかなど今後さらなる議論が必要となる.

〔3〕変動電源の系統連系問題

電力系統のように巨大な規模の電気エネルギーを扱うシステムでは,大容量の電力貯蔵装置がまだ充分低コストに実用化できていない現在,需要(消費する電力)と供給(発電した電力)を常に同時同量で調整しなければならない.もしこの需給バランスが崩れると,系統全体の周波数が標準周波数から逸脱し,需要家側に悪影響を及ぼしたり,最悪の場合,大型発電機が連鎖的に停止し,大規模停電につながりかねない.現在の我が国の電力システムでは,需要家側の消費を制御することはできないため,必然的に発電側を精緻に調整し,需要の変動に合わせることとなる[*2].このようなシステムにおいては,太陽光発電や風力発電をはじめとする再生可能エネルギーの出力変動性が問題になる場合がある.

---

*2 電力系統の運用に関する詳細はOHM大学テキスト『電力システム工学』を参照のこと.

このように風力発電や太陽光発電の問題点のひとつとして出力が変動することが挙げられるが，変動すること自体が絶対的な致命的な欠点ではないことに留意すべきである．なぜならば，電力系統においては負荷（需要家側の電力消費）も常に変動し，天候によって左右され，ある程度予測はできるものの予測誤差が常に存在するからである．また，従来型電源についても，水力発電は雨期乾期などの天候によって出力に影響が出ることが多く，火力発電や原子力発電はその大規模性の故にひとたび不測の事故が起こるとその影響は計り知れない．電力系統における安定度や信頼度の問題は，そのような変動性や不確実性を考慮した上でなお安定供給が可能なように設計されている．したがって，風力発電や太陽光発電の変動性の問題は，変動すること自体にあるのではなく，その変動性が電力系統の安定供給に影響を及ぼさない範囲であるかどうか，その変動性が制御可能な範囲で予測可能かどうかにあると言える．

風車ひとつ一つを見ると自然風による出力の変動は非常に激しいものになるが，それらを数十基まとめた風力発電所（**ウィンドファーム**）ではその変動は平滑化され，さらに数10〜数100 kmの広い範囲に分散する複数のウィンドファームの出力を電力系統全体で集合化すれば，その変動性はさらに平滑化され緩和されることが近年の研究で明らかになっている．また，最近では特に欧州および米国で風力発電や太陽光発電の変動性に対する予測技術が進み，その予測技術と組み合わせ電力系統運用が進んでいる．我が国では，巨大なメガソーラーやウィンドファームが建設される地域と電力需要が多い地域の偏りがあるため，各系統地域（電力会社）同士の連系線を積極的に活用し電力融通することが望まれている．このように，電力系統内の広域分散配置による平滑効果と予測技術，連系線の活用などを組み合わせることにより，相当量の変動発電を電力系統に導入できることが欧州では実証されている．例えば，デンマーク，ポルトガル，スペイン，アイルランドでは，既に年間需要電力量の15〜30％以上が風力発電で賄われている）．

15・2 送配電系統の課題と将来展望

送配電系統はエジソンが電力供給事業を始めて以来，状況に対応して常に変化を続けてきた．本書の最後に現状での課題と将来展望について簡単にまとめてお

15・2 送配電系統の課題と将来展望

く．日本は人口の減少，経済成長の停滞，地球温暖化など人類が地球環境に与える負荷による影響の増大など，社会規範が大きく変動するパラダイムシフトが避けられない状況にあり，東日本大震災がそれを一気に顕在化させた．このようなパラダイムシフトに伴い，送配電系統はさらにその必要性を増しており，いくつかの課題が突きつけられている．送配電系統の本質的な役割を理解し，先人が残したこの社会資産を維持し，時代に合わせて発展させ次世代に引き継ぐことが，電力系統に関係する技術者の責務である．

　課題の一つに分散電源への対応がある．原子力発電は今後も一定期間発電を続けると考えられるが，核廃棄物の最終処理という技術課題を解決しないかぎり大きく発展させることは難しく，化石燃料の消費を抑制するためには，前述した太陽光発電や，風力発電による電力を増大させる必要がある．しかし，分散電源にもいくつかの課題がある．一つは，従来の火力発電や水力発電は，系統運用者が，需要に合わせて自由に出力を制御できるが，分散電源は発電量が，日照量や，風速など外部条件で変動し制御できない点である．これに対する解決策を見つける必要がある．もう一つの課題として逆潮流問題がある．電力の流れのことを潮流と呼ぶ．従来，需要家は電力を消費する存在であり，電力は発電側から需要家に流れるものであったので，需要家から発電側への電力の流れを逆潮流と呼ぶ．従来の送配電系統では逆潮流を想定していなかった．重要な問題として，逆潮流状態での系統単独運転の問題がある．従来の放射状系統で電力系統で故障が発生した場合は，故障点より電源側の遮断器を開放することで負荷系統には電源がなくなるので，電圧はゼロになった．これにより保守要員の安全な作業が保証されていた．しかし，分散電源を持つ系統の場合，条件によっては，電源系統と切り離されても単独の系統として運転を継続できる場合がある．この場合，系統は充電状態にあるので，保守要員が感電する危険がある．

　今後，電力自由化が進むと思われる．電力自由化とは，現在の電力会社だけでなく，多くの発電事業者が電力を発電し需要家に供給できるようにしようという試みで，1980年代に英国で始まり，欧州では，電気事業者が国境を越えて活動している．電力自由化は，競争原理を導入することにより，発電事業を効率化し，電力コストを下げることができ，また，再生可能電源の発電事業者が容易に電力を販売できるようになると期待されている．しかし，送配電系統の計画と運用という面からは難しい課題もある．一つの電力会社が発電も送配電も行ってい

る場合は，発電地点を電力会社が決定できるので，送配電の計画もそれに合わせて合理的に立案することができる．また，送配電系統の状況を踏まえて，なるべく送配電系統の潮流状態が望ましい形になるように発電地点を決定することができる．しかし，電力自由化により，多くの独立した発電会社が発電所を建設するようになった場合を想像しよう．送配電会社は，運用コストだけでなく，将来の設備増強費用まで送配電設備利用料金に組み込まないと，送配電系統への投資ができないが，送配電会社は発電所地点を予め知ることができないので，長期的送配電計画を立案することが難しく，送電線利用者が納得するような設備増強計画を提示できないので，設備投資に必要な資金を利用料に組み入れることができなくなる．発電計画が不確実な中ではできるだけ投資を遅らせることが合理的な行動となるので，送配電系統の増強が遅れがちになる．このような事態は米国で顕著である．自由化時代の適切な送配電計画立案は重要な課題である．

それに加えて，我が国では，産業空洞化，少子高齢化，地域の過疎化が進んでおり，電力の需要の減少と偏在化も進むものと思われる．一方で，化石燃料の枯渇と温暖化対策から電気自動車の普及は進むので，その需要の増加と供給地点の分散化も課題である．

このような課題に対して，いくつかの新しい試みが始まっている．一つはスマートグリッドである．これは，電力系統に情報通信技術（ICT）を組み合わせ，電力系統の運用を高度にしようという試みである．具体例として，電気料金を状況に合わせて変化させることで，分散電源による問題を解決させようという試みがある．経済的なことをひとまずおいて，エネルギーの有効活用という面から考えると，折角建設した分散電源は，できるだけ多くのエネルギーを生み出すように運転する必要がある．したがって，分散電源は常に最大電力で運転することにし，他の部分がそれに合わせる方がエネルギー利用という観点からすれば合理的である．冒頭の富士山エレベータで説明したように，エネルギー価格は人類の感覚からすると安く評価されている．エネルギーを利用本位，人類の感覚本位で考え，それに整合するように，経済的な制度を設計することが望ましい．図15・1にスマートグリッドの構成要素を示す．スマートグリッドでは，従来の電力発生輸送システムに加えて，太陽光発電や風力発電などの分散電源，電力会社以外の発電会社など多様な構成要素が電力発生と輸送に参加することになる．スマートグリッドとはそれらの構成要素を，電力と情報の双方向ネットワークで結びつ

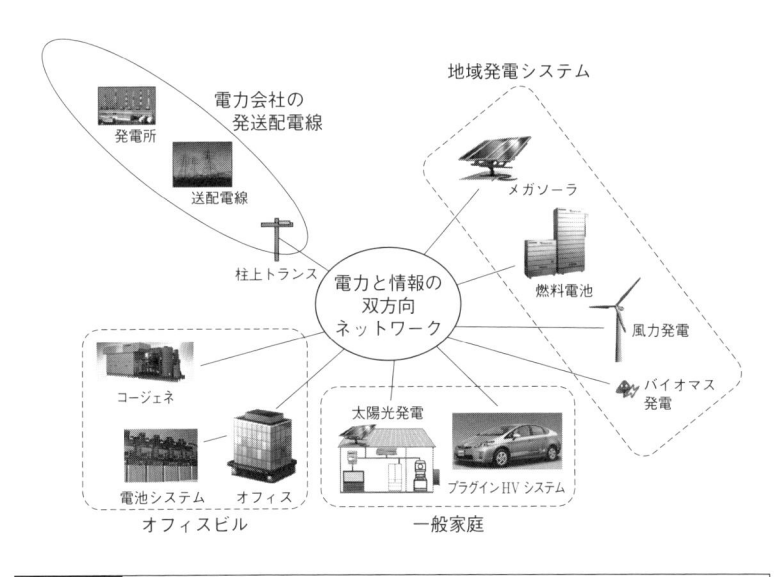

図15・1 スマートグリッドの構成要素（(株)NEATのホームページの図を改変）

け，全体が共同して電力エネルギー供給を実現しようという試みである．ここでは，1本の線で示してあるが，電力のネットワークだけでなく情報も相互に交換されていることを示している．その中で，今後重要になるのが，需要調整（デマンドレスポンス）と蓄電池である．需要調整とは系統情報により需要を変化させて再生可能電源の出力が変動しても需給バランスを保つ仕組である．蓄電池については，従来，コスト面から用途が限定されると考えられてきたが，東日本大震災以降は，エネルギーセキュリティの面からも重要度が増してきた．実際の実証設備でも，蓄電池を積極的に活用し，電力会社からの受電電力を常に一定に保つような制御をしている．輸送設備の面からも，その地域の蓄電池の状況に関する情報を共有し，その上で各蓄電池が自律的にエネルギー調整する仕組みが必要になると考えられる．蓄電池の特性を整理したものを**表15・2**に示す．

また，洋上風力発電なでは，架空送電線が建設できず，長距離ケーブル送電が必要になるが，長距離ケーブル系統で交流送電しようとしても7章で説明したフェランチ現象が発生するので事実上不可能である．その場合に有効な技術として直流送電がある．特に，最近は従来のサイリスタではなく，自己消弧素子を用いた自励式直流送電が注目されている．その中でも，複数のインバータモジュール

表15・2 蓄電池の特性比較

		鉛	ニッケルカドミウム	ニッケル水素	ナトリウム硫黄	亜鉛臭素	レドックスフロー	リチウムイオン
開路電圧	V	2	135	135	208	1.8	1.4	3-4
理論エネルギー密度	Wh/kg	252	244	240	755	429	29	360
	Wh/l	220			1000	600	120	
エネルギー密度実績値	Wh/kg cell	35	35	65	170	—	—	155
	battery	—	—	—	115	65	10	—
	Wh/l cell	80	80	220	345	—	—	410
	battery	—	—	—	170	60	10	—
作動温度	℃	−20〜50	−40〜60	−30〜65	300〜350	10〜50	10〜50	−20〜60
捕機		捕水装置	—	—	ヒーター	循環ポンプ	酸循環ポンプ冷却装置	—
副反応		水素	—	—	なし	水素	水素	
自己放電	%/month @20℃	3	10	30	—	12〜15	5〜10	
開発状況		実用実績多数	実用実績多数	実用	実用	試験段階	実用初期	実用
用途		自動車 UPS 通信	自動車 人工衛星 ポータブル電源	自動車 ポータブル電源	電力貯蔵	電力貯蔵	電力貯蔵	ポータブル電源 自動車 電力貯蔵
長所		商用ベース高信頼性	商用ベース高信頼性	高エネルギー密度	高エネルギー密度	低コスト	大規模適用可	高エネルギー密度
短所		低エネルギー密度	低エネルギー密度	高コスト	高温	低エネルギー密度	低エネルギー密度	コスト不明
運用システム例		20 MW × 20 min（プエルトリコ）	40 MW × 15 min（米国,アラスカ）	—	6 MW, 48 MWh（日本）	400 kWh（米国,デトロイド）	1.5 MW, 1.5 MWh 0.5 MW, 5MWh（日本） 250 kW, 500 kWh（米国）	—

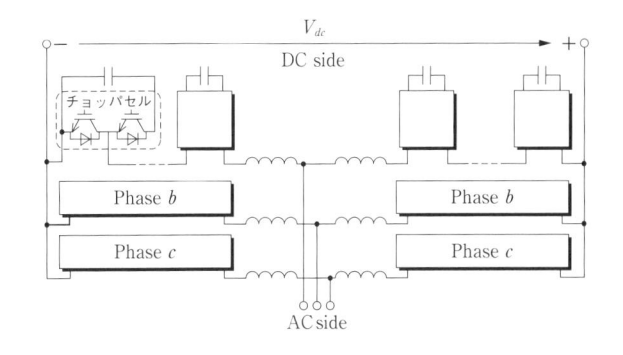

図 15・2 モジュラーマルチレベルコンバータ（MMC）の構成図

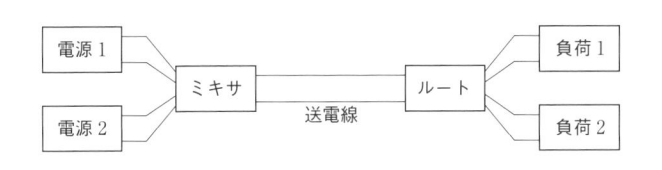

図 15・3 パケット電力送電の概念図

を各相毎に直列に接続したモジュラーマルチレベルコンバータ（MMC）方式の変換器が注目され，すでに米国サンフランシスコで実系統に導入された．**図15・2**にMMCの構成図を示す．

欧州ではローマクラブが主導して，DESEARTECというプロジェクトのプランを作成し提案している．アフリカを含む地中海沿岸で多数の分散電源開発を行い，それらを電力輸送設備で結んでエネルギーを有効かつ効率的に利用しようというものである．自励式直流送電や直流他端子技術の導入も織り込んでいる．将来，アジアでも国境を越えた電力輸送が活発になれば交流 1 000 kV での送電も必要になる．すでにその技術は開発されており，我が国の規格が国際規格の一つになっている．

また，実現するかどうかは不明であるが，**図15・3**に示すように一つの送電線を時分割で利用し，多様な電力の輸送に活用しようというコンセプトも提案されている．地球環境は有限であり，人類が無制限にエネルギー利用を増加させるこ

15章 将来の電力発生輸送

とはゆるされない．その中で，エネルギーの効率的利用の主役は電気エネルギーになることは明らかである．電力発生・輸送工学は，電気エネルギーを社会全体で効率的に利用するための基盤として，今後も状況に対応して変化を続ける必要がある．

演習問題

1 今から10年後の電源ベストミックスを提案し，その根拠を説明しなさい．

2 逆潮流とは何か，どのような問題が発生するか説明しなさい．

3 なぜ，洋上風力の送電に直流送電が使われるのか説明しなさい．

演習問題解答

1章

1 発電，送配電，需要家

2 交流は変圧器により簡単に昇圧し，高電圧で送電して送電損失を小さくできたが，直流では昇圧が難しく低い電圧でしか送電できず長距離送電が難しかったから．

3 火力発電，原子力発電，水力発電，風力発電，太陽光発電，バイオマス発電など．

4 100 V，100 W なら電流は 1 A なので，送電線損失は RI^2 により 1 W，変圧器で昇圧する場合は，1 000 V 側の電流は 1/10 になるので 0.1 A．したがって，損失は 0.01 W となる．

2章

1 調査型課題のため模範解答なし

2 調査型課題のため模範解答なし

3 式(2·2)の右辺 $f \times \int HdB$ を次元解析すると，周波数 f は $[\mathrm{Hz}] = [\mathrm{s}^{-1}]$，磁束 H は $[\mathrm{A/m}] = [\mathrm{A \cdot m^{-1}}]$，磁束密度 B は $[\mathrm{T}] = [\mathrm{Wb/m^2}] = [(\mathrm{V \cdot s})/\mathrm{m^2}] = [(\mathrm{J/C}) \cdot \mathrm{s/m^2}] = [(\mathrm{N \cdot m})/(\mathrm{A \cdot s}) \cdot \mathrm{s/m^2}] = [(\mathrm{kg \cdot m/s^2}) \cdot \mathrm{m}/(\mathrm{A \cdot s}) \cdot \mathrm{s/m^2}] = [\mathrm{kg \cdot s^{-2} A^{-1}}]$ であるため，右辺の次元は $[\mathrm{s}^{-1}] \times [\mathrm{A \cdot m^{-1}}] \times [\mathrm{kg \cdot s^{-2} A^{-1}}] = [\mathrm{kg \cdot m^{-1} s^{-3}}]$．一方，左辺の単位は $[\mathrm{W/m^3}]$ なのでこれを次元解析すると $[\mathrm{W/m^3}] = [(\mathrm{VA})/\mathrm{m^3}] = [(\mathrm{J/C}) \cdot \mathrm{A/m^3}] = [(\mathrm{N \cdot m})/(\mathrm{A \cdot s}) \cdot \mathrm{A/m^3}] = [(\mathrm{kg \cdot m/s^2}) \cdot \mathrm{m}/(\mathrm{A \cdot s}) \cdot \mathrm{A/m^3}] = [\mathrm{kg \cdot m^{-1} s^{-3}}]$ で，両辺の次元は一致する．

4 調査型課題のため模範解答なし

3章

1 （ア）速く，（イ）機械的，（ウ）円筒形，（エ）短く，（オ）長く

2 タービン入口のエンタルピー $H_c = 3\,800$ kJ/kg，タービン出口のエンタルピー $H_d = 2\,360$ kJ/kg，ポンプ入口のエンタルピー $H_a = 150$ kJ/kg なので，式(3·7)に代入して，

$\eta = (3\,800 - 2\,360)/(3\,800 - 150) = 39.4\%$

3 一般に，SO_x を取り除く脱硫装置，NO_x を取り除く脱硝装置が取り付けられている．さらに，石炭火力では，ばいじんを除去するために電気集じん機が取り付けられ

ている.

4 式(3・9) $\eta_S = \eta_P\left(1 - \dfrac{P_L}{P_G}\right)$ より,発電端熱効率 η_P は $\eta_S = \eta_P\left(1 - \dfrac{P_L}{P_G}\right) = \eta_P(1 - 0.025) = 0.975\eta_P$ となり,式(3・8) $\eta_P = \dfrac{860 P_G}{BH}$ を用いると,燃料消費量 B〔kg/h〕は,

$$B = \frac{860 P_G}{H\eta_P} = \frac{860 \times 700 \times 10^3}{13\,300 \times \dfrac{0.4}{1 - 0.025}} = 110 \times 10^3 \,[\text{kg/h}]$$

5 (ア) 高温,(イ) タービン,(ウ) 半分,(エ) 発電機,(オ) コンバインドサイクル,(カ) 排熱回収,(キ) 起動時間,(ク) 温排水

4章

1 (ア) 汽力発電,(イ) 原子炉,(ウ) 化石燃料,(エ) ウラン235,(オ) ウラン238,(カ) 遠心分離法

2 (ア) 多重防護,(イ) 発生,(ウ) 事故,(エ) 放射性物質,(オ) 止める,(カ) 冷やす,(キ) 閉じ込める,(ク) 五重

3

解表 4・1

原子炉の種類	燃料	減速材	冷却材
ガス冷却型(GCR)	天然ウラン	黒鉛	炭酸ガス
沸騰水型(BWR)	低濃縮ウラン	軽水	軽水
加圧水型(PWR)	低濃縮ウラン	軽水	軽水
CANDU炉	天然ウラン・濃縮ウラン・プルトニウム	重水	重水
RBMK	低濃縮ウラン	黒鉛	軽水
新型転換炉(ATR)	MOX燃料	重水	軽水
高速増殖炉(FBR)	濃縮ウラン プルトニウム	―	ナトリウム

4 BWRは原子炉内で発生した蒸気をタービンへ導くが,PWRは蒸気発生器を使って二次系で発生させた蒸気をタービンへ導くため,PWRの場合,タービンには放射性物質が通らない.したがって,PWRはタービンや発電機の保守点検が容易である反面,蒸気発生器など構造が複雑となる.PWRでは,原子炉内は加圧水が循環するため,配管が太くなる反面,出力密度を高くできる.

5章

1 (ア) 全水頭,(イ) 損失水頭,(ウ) 有効落差,(エ) $9.8QH\eta_w$,(オ) $9.8QH\eta_w\eta_g$

2 （ア）アーチ，（イ）ダム水路，（ウ）貯水池式，（エ）ペルトン，（オ）衝動

3 1日24時間の内，22 000 kWで4時間，16 000 kWで20時間出力するのだから，平均出力は，(22 000×4 + 16 000×20)/24 = 17 000〔kW〕である．

調整池は最大限活用され，16 000 kW出力時にも越流しないのだから，平均出力に見合う流量が流れ込んでいることになる．したがって，$P = 9.8 QH\eta$ より調整池に流れ込む流量 Q は

$Q = 17 000/(9.8×102×0.85) = 20$ 〔m³/s〕

平均出力17 000 kWと低出力16 000 kWの差である1 000 kWに相当する水を20時間分貯めることになる．したがって，調整池の有効貯水量は，

{1 000/(9.8×102×0.85)} ×20×3 600 = 84,740〔m³〕

6章

1 調査型課題のため模範解答なし
2 調査型課題のため模範解答なし
3 調査型課題のため模範解答なし
4 式(6・3)より，5 256 MWh/(4 MW×8 760 h)×100 = 15〔%〕
5 ウィンドファームの年間発電電力量は，式(6・3)より，1 MW×10基×8 760 h×0.3 = 26 280 MWh．したがって，26 280 MWh/3.6 MWh = 7 300世帯．

7章

1 式(7・4)に示すように，系統電圧，送受電端電圧，電圧の相差角，送電線のリアクタンスで決定される．

2 相電圧は $V_s/\sqrt{3}$，$V_r/\sqrt{3}$ となるので，1相当たりの電力 P_1 は $P_1 = \dfrac{V_s V_r}{3X} \sin\delta$ となる．3相全体の電力 P はその3倍だから $P = \dfrac{V_s V_r}{X} \sin\delta$ となる．

3 電流1Aによる抵抗およびリアクタンスの電圧効果は1Vと5Vでベクトル図は下記のようになる．本文で説明した電圧降下の近似式を用いれば送電端の電圧は119 Vとなる．

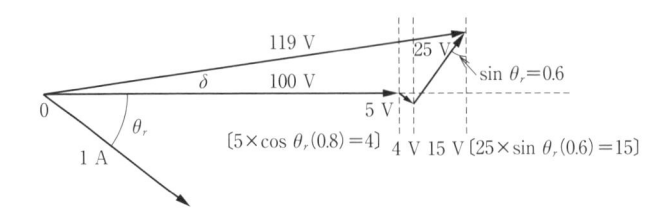

```
                    119 V      25 V
         δ                         sin θ_r=0.6
              100 V
                         5 V
  0   θ_r
           [5×cos θ_r(0.8)=4] 4 V 15 V [25×sin θ_r(0.6)=15]
     1 A
```

解図 7・1

4 図7·8を用いて説明する.

5 7・2節参照

8章

1 電気事業法施行規則（最終改正：平成21年12月18日経済産業省令第69号）第1条によると，『「送電線路」とは，発電所相互間，変電所相互間又は発電所と変電所との間の電線路（専ら通信の用に供するものを除く．以下同じ．）及びこれに附属する開閉所その他の電気工作物をいう．』『「配電線路」とは，発電所，変電所若しくは送電線路と需要設備との間又は需要設備相互間の電線路及びこれに附属する開閉所その他の電気工作物をいう．』とある.

2 （1）-（a）鋼，（2）-（d）硬アルミ，（3）-（c）硬銅，（4）-（e）耐熱アルミ合金

3 式(8·2) $L = S + 8D^2/(3S)$ に $S=200$ 〔m〕, $D_{20℃}=4.0$ 〔m〕を代入して, $L_{20℃}=200.213$. $L_{90℃}=L_{20℃}×(1+19×10^{-6}×(90-20))=200.479$. 式(8·2)より, $D=\sqrt{(3SL/8-3S^2/8)}$ に $S=200$ 〔m〕, $L_{90℃}=200.479$ 〔m〕を代入して, $D_{90℃}=6.0$ 〔m〕

4 （1）-（b）低，（2）-（a）高，（3）-（a）高，（4）-（a）高，（5）-（a）高，（6）-（b）低

9章

1 （1）-（b）自然現象，（2）-（e）雷，（3）-（e）雷，（4）-（g）開閉

2 （1）-（b）低，（2）-（d）小さ，（3）-（d）小さ，（4）-（a）高，（5）-（a）高，（6）-（c）大き，（7）-（a）高

3 式(9·3)より, $r=\rho/(2\pi R)$. $\rho=1\,000$ Ωm, $R=10$ Ω を代入して, $r=15.9$ m.

4 （1）-（b）電圧，（2）-（a）電流，（3）-（b）電圧，（4）-（b）電圧，（5）-（a）電流，（6）-（b）電圧，（7）-（a）電流，（8）-（a）電流，（9）-（a）電流

10章

1. 調査型課題のため模範解答なし
2. 調査型課題のため模範解答なし
3. 調査型課題のため模範解答なし
4. 充電電流は，式(10・3)に $C = 0.5$ 〔μF/km〕，$f = 60$ 〔Hz〕，$V = 33$ 〔V〕，$l = 10$ 〔km〕を代入して，$I_c = 2 \times 3.14 \times 60 \times 0.5 \times 33 \div 1.732 \times 10 \times 10^{-3} = 35.9$ 〔A〕．
有効送電容量 P_c は，$P_c = \sqrt{3} V I_c$ で求められるため，$P_c = 1.732 \times 33 \times 35.9 = 2\,052$ 〔kVA〕．

11章

1. (1)-(f) 変圧器，(2)-(c) 負荷時タップ切替器，(3)-(e) 分路リアクトル，(4)-(d) 電力用コンデンサ，(5)-(a) 遮断器
2. (1)-(b) 直接接地方式，(2)-(d) 消弧リアクトル接地，(3)-(c) 抵抗接地方式
3. 調査型課題のため模範解答なし
4. 調査型課題のため模範解答なし

12章

1. 主保護とは，故障が発生した送電線を系統から切り離す操作で，高速性が求められる．後備保護とは，主保護が動作せずに故障が継続した時に，故障送電線の周囲の送電線を切り離して故障を除去する操作である．
2. 可動鉄心リレー，誘導形リレー，ディジタル形リレーなどについて12・2節を参照して説明する．
3. 変圧器一次側の定格電流 I_B は，$I_B = 10\,000 \times 10^3/(\sqrt{3} \times 77 \times 10^3) = 75$ A，その180%は，135 A，この電流はCTの二次側では，$135 \times (5/150) = 4.5$ A となる．したがって，4.5 A のタップを使用する．
4. 故障電流を I_f とすると $100 \times 2 = I_f \times 0.5$ より $I_f = 400$ A となる．
5. 12・4節の後半参照
6. $P = I^2 R = \dfrac{V_s^2}{X^2 + R^2} R$，$P$ が最大になるのは，$R = X$ の時で，$P = \dfrac{V_s^2}{2X}$，$I = \dfrac{V_s}{\sqrt{2} X}$ となる．

13章

1 本文の式(13・1)に示す変換行列を用いて，

$$\begin{bmatrix} \dot{I}_0 \\ \dot{I}_1 \\ \dot{I}_2 \end{bmatrix} = \frac{1}{3}\begin{bmatrix} 1 & 1 & 1 \\ 1 & a & a^2 \\ 1 & a^2 & a \end{bmatrix}\begin{bmatrix} I \\ a^2 I \\ aI \end{bmatrix} = \frac{I}{3}\begin{bmatrix} 1+a^2+a \\ 1+a^3+a^3 \\ 1+a^4+a^2 \end{bmatrix} = \begin{bmatrix} 0 \\ I \\ 0 \end{bmatrix}$$

ここで，$a^3 = 1, a^4 = a, a^2 + a + 1 = 0$ を用いている．
$\dot{I}_a = 0$ とすると，

$$\begin{bmatrix} \dot{I}_0 \\ \dot{I}_1 \\ \dot{I}_2 \end{bmatrix} = \frac{1}{3}\begin{bmatrix} 1 & 1 & 1 \\ 1 & a & a^2 \\ 1 & a^2 & a \end{bmatrix}\begin{bmatrix} 0 \\ a^2 I \\ aI \end{bmatrix} = \frac{I}{3}\begin{bmatrix} a^2+a \\ a^3+a^3 \\ a^4+a^2 \end{bmatrix} = \frac{I}{3}\begin{bmatrix} -1 \\ 2 \\ -1 \end{bmatrix}$$

となる．

2 $[T]^{-1}[Z][T]$

$$= \frac{1}{3}\begin{bmatrix} 1 & 1 & 1 \\ 1 & a & a^2 \\ 1 & a^2 & a \end{bmatrix}\begin{bmatrix} \dot{Z}_s & \dot{Z}_m & \dot{Z}_m \\ \dot{Z}_m & \dot{Z}_s & \dot{Z}_m \\ \dot{Z}_m & \dot{Z}_m & \dot{Z}_s \end{bmatrix}\begin{bmatrix} 1 & 1 & 1 \\ 1 & a & a^2 \\ 1 & a^2 & a \end{bmatrix}$$

$$= \frac{1}{3}\begin{bmatrix} \dot{Z}_s+2\dot{Z}_m & \dot{Z}_s+2\dot{Z}_m & \dot{Z}_s+2\dot{Z}_m \\ \dot{Z}_s+(a+a^2)\dot{Z}_m & a\dot{Z}_s+(1+a^2)\dot{Z}_m & a^2\dot{Z}_s+(1+a)\dot{Z}_m \\ \dot{Z}_s+(a^2+a)\dot{Z}_m & a^2\dot{Z}_s+(1+a)\dot{Z}_m & a\dot{Z}_s+(1+a^2)\dot{Z}_m \end{bmatrix}\begin{bmatrix} 1 & 1 & 1 \\ 1 & a & a^2 \\ 1 & a^2 & a \end{bmatrix}$$

$$= \frac{1}{3}\begin{bmatrix} 3(\dot{Z}_s+2\dot{Z}_m) & (1+a^2+a)(\dot{Z}_s+2\dot{Z}_m) \\ (1+a^2+a)\dot{Z}_s+2(1+a^2+a)\dot{Z}_m & 3\dot{Z}_s+3(a+a^2)\dot{Z}_m \\ (1+a^2+a)\dot{Z}_s+2(1+a^2+a)\dot{Z}_m & (1+a^2+a)\dot{Z}_s+2(1+a^2+a)\dot{Z}_m \end{bmatrix}$$

$$\begin{matrix} (1+a^2+a)(\dot{Z}_s+2\dot{Z}_m) \\ (1+a^2+a)\dot{Z}_s+2(1+a^2+a)\dot{Z}_m \\ 3\dot{Z}_s+3(a+a^2)\dot{Z}_m \end{matrix}$$

$$= \begin{bmatrix} \dot{Z}_s+2\dot{Z}_m & 0 & 0 \\ 0 & \dot{Z}_s-\dot{Z}_m & 0 \\ 0 & 0 & \dot{Z}_s-\dot{Z}_m \end{bmatrix}$$

3 この故障条件は，$\dot{V}_b = \dot{V}_c, \dot{I}_b = -\dot{I}_c, \dot{I}_a = 0$
これらを対称分で分解すると，

$$\dot{V}_0 + a^2\dot{V}_1 + a\dot{V}_2 = \dot{V}_0 + a\dot{V}_1 + a^2\dot{V}_2, \quad \text{より} \quad \dot{V}_1 = \dot{V}_2$$

$$\dot{I}_0 + a^2\dot{I}_1 + a\dot{I}_2 = -(\dot{I}_0 + a\dot{I}_1 + a^2\dot{I}_2), \dot{I}_0 + \dot{I}_1 + \dot{I}_2 = 0 \quad \text{より} \quad \dot{I}_1 = -\dot{I}_2, \dot{I}_0 = 0$$

となる．等価三相発電機の基本式も用いると，

$$\dot{V}_1 = \dot{V}_2 = \frac{\dot{Z}_2}{\dot{Z}_1 + \dot{Z}_2}\dot{E}_a, \qquad \dot{I}_1 = -\dot{I}_2 = \frac{\dot{E}_a}{\dot{Z}_1 + \dot{Z}_2}$$

よって，求める電流は以下となる．

$$\dot{I}_b = \dot{I}_0 + a^2\dot{I}_1 + a\dot{I}_2 = (a^2 - a)\dot{I}_1 = \frac{a^2 - a}{\dot{Z}_1 + \dot{Z}_2}\dot{E}_a,$$

$$\dot{I}_c = \dot{I}_0 + a\dot{I}_1 + a^2\dot{I}_2 = (a - a^2)\dot{I}_1 = \frac{a - a^2}{\dot{Z}_1 + \dot{Z}_2}\dot{E}_a$$

4 $\dot{Z}_f = 0$ とすれば完全短絡であるが，実際多くの場合は，アーク抵抗を通じて短絡している．

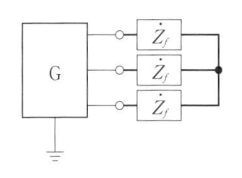

故障条件は，

$$\dot{V}_a = \dot{I}_a\dot{Z}_f, \qquad \dot{V}_b = \dot{I}_b\dot{Z}_f, \qquad \dot{V}_c = \dot{I}_c\dot{Z}_f,$$

$$\dot{I}_a + \dot{I}_b + \dot{I}_c = 0$$

解図 13・1 等価発電機端子の状況

対称分に分解して，電圧は，

$$\begin{cases} \dot{V}_0 + \dot{V}_1 + \dot{V}_2 = (\dot{I}_0 + \dot{I}_1 + \dot{I}_2)Z_f \\ \dot{V}_0 + a^2\dot{V}_1 + a\dot{V}_2 = (\dot{I}_0 + a^2\dot{I}_1 + a\dot{I}_2)Z_f \\ \dot{V}_0 + a\dot{V}_1 + a^2\dot{V}_2 = (\dot{I}_0 + a\dot{I}_1 + a^2\dot{I}_2)Z_f \end{cases}$$

$$\therefore \quad 3\dot{V}_0 = 3\dot{I}_0\dot{Z}_f$$

電流は，$3\dot{I}_0 = 0$

ここで対称分電流，電圧は，等価三相発電機の基本式も考えて，

$$\dot{I}_0 = 0, \qquad \dot{I}_1 = \frac{\dot{E}_a}{\dot{Z}_1 + \dot{Z}_f}, \qquad \dot{I}_2 = 0, \qquad \dot{V}_0 = 0, \qquad \dot{V}_1 = \dot{Z}_f\dot{I}_1,$$

$$\dot{V}_2 = \dot{Z}_f\dot{I}_2 = 0$$

各相に流れる電流は以下となる．

$$\dot{I}_a = \dot{I}_0 + \dot{I}_1 + \dot{I}_2 = \dot{I}_1 = \frac{E_a}{\dot{Z}_1 + \dot{Z}_f}, \qquad \dot{I}_b = a^2\dot{I}_1 = \frac{a^2 E_a}{\dot{Z}_1 + \dot{Z}_f}, \qquad \dot{I}_c = a\dot{I}_1 = \frac{a E_a}{\dot{Z}_1 + \dot{Z}_f}$$

5 断線故障とは，電線が切断したが地絡故障とならない状態をいう．

まず，断線故障の定式化を行う．**解図 13・2** に示す電圧電流を与え，それらの関係から対称座標を用いるための一般化を行う．

開放端子間の電圧，$\dot{V}_{al} = \dot{V}_{aA} - \dot{V}_{aB}, \quad \dot{V}_{bl} = \dot{V}_{bA} - \dot{V}_{bB}, \quad \dot{V}_{cl} = \dot{V}_{cA} - \dot{V}_{cB}$

開放端子に流れる電流，$\dot{I}_{al} = \dot{I}_{aA}, \quad \dot{I}_{bl} = \dot{I}_{bA}, \quad \dot{I}_{cl} = \dot{I}_{cA}$

これらを対称分に分解すると，

$$\dot{V}_{0l} = \dot{V}_{0A} - \dot{V}_{0B}, \qquad \dot{V}_{1l} = \dot{V}_{1A} - \dot{V}_{1B}, \qquad \dot{V}_{2l} = \dot{V}_{2A} - \dot{V}_{2B}, \qquad \dot{I}_{0l} = \dot{I}_{0A},$$
$$\dot{I}_{1l} = \dot{I}_{1A}, \qquad \dot{I}_{2l} = \dot{I}_{2A}$$

A系統側での三相等価発電機の基本式は，$\left.\begin{array}{l}\dot{V}_{0A} = -\dot{Z}_{0A}\dot{I}_{0A} \\ \dot{V}_{1A} = \dot{E}_{aA} - \dot{Z}_{1A}\dot{I}_{1A} \\ \dot{V}_{2A} = -\dot{Z}_{2A}\dot{I}_{2A}\end{array}\right\}$

B系統側での三相等価発電機の基本式は，$\left.\begin{array}{l}\dot{V}_{0B} = -\dot{Z}_{0B}\dot{I}_{0B} \\ \dot{V}_{1B} = \dot{E}_{aB} - \dot{Z}_{1B}\dot{I}_{1B} \\ \dot{V}_{2B} = -\dot{Z}_{2B}\dot{I}_{2B}\end{array}\right\}$

ここで，
$$\dot{Z}_{0l} = \dot{Z}_{0A} - \dot{Z}_{0B}, \qquad \dot{Z}_{1l} = \dot{Z}_{1A} - \dot{Z}_{1B}, \qquad \dot{Z}_{2l} = \dot{Z}_{2A} - \dot{Z}_{2B}$$

とおくと，断線故障の場合の基本式は次式となる．$\left.\begin{array}{l}\dot{V}_{0l} = -\dot{Z}_{0l}\dot{I}_{0l} \\ \dot{V}_{1l} = \dot{E}_{al} - \dot{Z}_{1l}\dot{I}_{1l} \\ \dot{V}_{2l} = -\dot{Z}_{2l}\dot{I}_{2l}\end{array}\right\}$

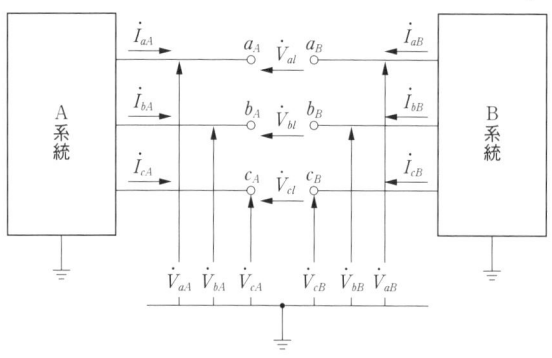

解図13・2 断線故障

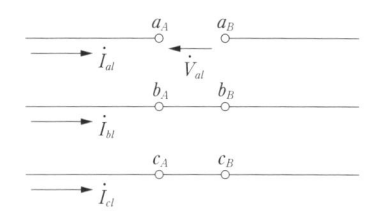

解図13・3 一線断線故障

これらの準備をもとに，**解図13・3**のようにa相で断線事故が発生した場合に，断線点間に現れる電圧を求める．故障条件は，

$$\dot{V}_{bl} = \dot{V}_{cl} = 0, \qquad \dot{I}_{al} = 0$$

となる．対称分に分解し，等価発電機の基本式を用いて，

$$\dot{V}_{0l} = \dot{V}_{1l} = \dot{V}_{2l} \quad \text{よって，} \quad \dot{V}_{al} = 3\dot{V}_{0l} = \frac{3\dot{Z}_{0l}\dot{Z}_{2l}}{\dot{Z}_{0l}\dot{Z}_{1l} + \dot{Z}_{0l}\dot{Z}_{2l} + \dot{Z}_{1l}\dot{Z}_{2l}}\dot{E}_{al}$$

14章

1 図14・3(b)

2 (a) (ア) 5A，(イ) 5A，(ウ) 0A，(b) $V_{AB} = 105.5$ V

3 柱上変圧器，高圧がいし，低圧がいし，架空地線，高圧カットアウト，低圧カットアウトなど．なお，図14・6は区分開閉器がない電柱の例であり，区分開閉器も電柱に設置されている機器の一つ．説明は14・2節参照．

4 図14・4節および14・1節参照

5 繁華街は面的広がりを持っているのでレギュラーネットワーク

15章

1 電源ベストミックスには正解はない．環境負荷，安全保障，経済性などそれぞれが重要と考える項目について評価し，ベストミックスを考えて見よう．

2 従来，電力は発電側から需要家に流れるものであったが，分散電源を需要家が設置したために，需要家から発電側への電力の流れが発生するようになった．これを逆潮流と呼ぶ．

3 洋上から陸地までは海底ケーブルで送電せざるを得ないが，その場合，静電容量が大きくなって，交流送電では，フェランチ現象が発生するため，フェランチ現象の問題がない，直流送電が使われる．

参考文献

■1章
1) 高橋雄造：百万人の電気技術史，工業調査会（2006）
2) T.P. Hughes, 市場泰男 訳：電力の歴史，平凡社（1996）
3) 伊与田功, 須藤剛志, 土井淳：電力系統需給計画システム, 三菱電機技報, Vol. 64, No. 9（1990）
4) 関根泰次編：エレクトリック・エナジー全書，エレクトリック・エナジー史，オーム社（1989）
5) 江間敏, 甲斐隆章 共著：電力工学，コロナ社（2003）

■2章
1) IEEE：電気・電子用語事典，丸善（1989）
2) 国立天文台編：理科年表 Web 版，丸善（2013）
3) 日本工業規格：「電気用銅材の電気抵抗」, JIS C 3001：1981
4) 日本工業規格：「電気絶縁―熱的耐久性評価及び呼び方」, JIS C4003：2010
5) 日本工業規格：「電気絶縁油」, JIS C 2320：1990
6) 電気学会編：電気工学 ポケットブック 第4版，オーム社（1990）

■3章，4章，5章
1) 国際単位研究会編：SI単位ポケットブック，日刊工業新聞社（1991）
2) 財満英一 編著：電気学会大学講座 発変電工学総論，電気学会（2007）
3) 相木一男, 道上 勉：発電・変電, 電気学会（1986）
4) 林 宗明, 若林二郎：電気学会大学講座 電力発生工学, 電気学会（1976）
5) 加藤政一, 中野 茂, 西江嘉晃, 桑江良明：電力発生工学, 数理工学社（2012）
6) 電気事業講座編集委員会編纂：電気事業講座8 電源設備, エネルギーフォーラム（2007）
7) 電気事業講座編集委員会編纂：電気事業講座9 原子力発電, エネルギーフォーラム（2007）
8) 上之園親佐：現代 電力工学，オーム社（1980）
9) 林 宗明, 大澤靖治：電力発生工学演習, 朝倉書店（1985）
10) 電気工学ハンドブック改版委員会編：電気工学ハンドブック（第6版）（2001）
11) 一般財団法人 電気技術者試験センター：「試験の問題と解答」,
    http://www.shiken.or.jp/answer/index.html
12) 中部電力株式会社：「水力発電のしくみ―水車の種類」,
    https://www.chuden.co.jp/energy/ene_energy/water/wat_shikumi/suisha/in

dex.html

■ 6 章
1) International Energy Agency（IEA）: World Energy Outlook 2012, http://www.worldenergyoutlook.org/
2) International Renewable Energy Agency（IRENA）: Roadmap for a Renewable Energy Future（2016）
3) 今村栄一，長野浩司：日本の発電技術のライフサイクル CO_2 排出量評価—2009年に得られたデータを用いた再推計—，電力中央研究所報告 Y09027（2009）
4) 内閣府国家戦略室：コスト等検証委員会報告書（2011）
5) IRENA: Renewable Energy Statistics（2016）
6) 産業技術総合研究所　太陽光発電研究センター HP http://unit.aist.go.jp/rcpvt/ci/about_pv/types/groups.html
7) Global Wind Energy Council（GWEC）: Global Wind Statistics 2016（2017）
8) T. アッカーマン 編著：風力発電導入のための電力系統工学，オーム社（2013）

■ 9 章
1) 日本工業規格：「建築物等の雷保護」，JIS A 4201 : 2003
2) 電気学会 保護リレーシステム基本技術調査専門委員会：「保護リレー基本技術体系」，電気学会技術報告 641（1997）
3) 電気事業連合会：「Infobase 2011」
4) 日本工業規格：「雷保護—第 4 部：建築物内の電気及び電子システム」，JIS Z 9290-4 : 2009

■ 12 章
1) 電気学会：電気工学ハンドブック 19 編，電気学会（2001）
2) 電気学会：電気機器工学 I （改訂版），電気学会（1999）

■ 14 章
1) 松元崇，伊藤義康，水谷芳史，佐野光夫：改訂送配電工学，学献社（2000）
2) 前川幸一郎，荒井聰明：新訂版　送配電，東京電機大学出版局（1992）

■ 15 章
1) 直流配電網フィージビリティ調査専門委員会：直流配電網フィージビリティ，電気学会技術報告，第 1031 号（2005）
2) Samir Kouro, et al.: Recent Advances and Industrial Applications of Multilevel Converters, Trans. On Industrial Electronics, Vol. 57, No. 8（August, 2010）
3) Tsuguhiro Takuno, Megumi Koyama and Takashi Hikihara: In-home Power Distribution Systems by Circuit Switching and Power Packet Dispatching, IEEE SmartGridComm2010 Gaithersburg, Maryland USA（October, 2010）

索引

■ア 行■

アークホーン　102
アースダム　52
アーチダム　53
圧力水頭　50
圧力容器　38
アナログ電子式リレー　128
油絶縁変圧器　118
アモルファス鉄心　21
アルニコ磁石　22
アレイ　69
暗きょ式　111
アンペール　1
アンモニア接触還元法　31

イエローケーキ　45
一次系　40
位置水頭　50
一線地絡故障　136
インバータ　70

ウィンドファーム　162
上向き雷　100
運用保守コスト　88, 103

永久故障　103
永久磁石　21
永久磁石方式同期発電機　76
エジソン　1
えぼし形鉄塔　89

エンタルピー　24
エントロピー　24

温室効果ガス　62

■カ 行■

加圧水型軽水炉　40
カーボンニュートラル　77
がいし　13, 95
外部冷却方法　112
開閉器　122
開閉サージ　103
開閉装置　122
海洋エネルギー　78
海洋温度差発電　79
解列　122
夏季雷　98
架空送電線路　89
架空地線　91
角度形　89
格納容器　38
核反応　36
核分裂　36
核融合　36
化合物半導体　67
かご形誘導発電機　17, 75
ガス遮断器　122
ガス絶縁開閉装置　17
ガス絶縁ケーブル　108
ガス絶縁変圧器　118
ガスタービン発電　33

索引

ガス中終端接続　*112*
カットアウト風速　*74*
カットイン風速　*74*
過電流損　*20*
過電流リレー　*127*
可動鉄心形リレー　*128*
過渡解析　*107*
ガバナー　*56*
カプラン水車　*55*
可変速揚水発電　*59*
カルノーサイクル　*24*
カルマン渦　*93*
環状電極　*105*
間接冷却方法　*112*
管路式　*111*

気体定数　*24*
気中終端接続　*112*
気中送電線路　*17*
希土類磁石　*22*
逆相分　*138*
逆潮流　*69*
逆フラッシオーバ　*102*
キャビテーション　*56*
ギャロッピング　*94*
給水加熱器　*30*
給電線　*147*
供給支障事故　*98, 103*
強磁性体　*18, 20*
共同溝　*111*
許容温度　*113*
距離リレー　*127*

空気圧縮貯蔵　*160*
空冷式　*119*
区分開閉器　*152*
クロスコンパウンド方式　*30*
クロスボンド方式　*115*

ケイ素鋼　*21*
系統連系　*69, 76*
結合エネルギー　*36*
原子燃料サイクル　*45*
懸垂がいし　*89, 95*
減速材　*37*

硬磁性体　*21*
鋼心アルミより線　*12, 91*
鋼心アルミ合金より線　*92*
高速再閉路　*103, 123*
高速中性子　*37*
高調波・波形ひずみ　*155*
光電効果　*64*
硬銅線　*12*
硬銅より線　*91*
交番磁界　*19*
コージェネレーション　*78*
氷蓄熱貯蔵　*160*
コールダーホール炉　*39*
五重の壁　*44*
故障区間を切り離す　*126*
故障計算　*136*
故障電圧・電流　*136*
固体高分子形燃料電池　*159*
固体電解質形燃料電池　*159*
コンデンサバンク　*124*
コンバータ　*76*
コンバインドサイクル発電　*33*

サ 行

サージタンク　*54*
再処理　*45*
再生可能エネルギー　*61*
再生サイクル　*27*
最大磁束密度　*20, 68*
最大出力追従制御　*68*
最大透磁率　*20*

181

索引

最適動作電圧　68
再熱サイクル　27
再熱再生サイクル　27
再閉路失敗　103
サイリスタ励磁方式　30
三相短絡故障　136
残留磁気　20

シース損　115
磁化　18
磁化曲線　18
四角鉄塔　89
時間稼働率　74
色素増感太陽電池　67
磁気飽和現象　19
自己制御性　43
支持がいし　89
磁性材料　17
磁性体　17
下向き雷　100
質量欠損　36
遮断器　16, 103, 122
遮へい材　37
遮蔽失敗　103
終端接続　112
瞬低　156
充電電流　114
周波数リレー　127
重力ダム　52
樹枝状　148
出力曲線　73
受風面積　73
需要家　1
瞬時電圧低下　156
瞬停　102
昇圧チョッパ　70
消弧リアクトル接地方式　122
常時許容温度　114

衝動水車　54
衝動タービン　29
初期コスト　88
初期透磁率　20
シリコーン油　16
自冷式　119
真空遮断器　122

水圧管　54
水撃作用　54
水素冷却方式　30
垂直軸風車　72
垂直装柱　89
水平軸風車　72
水平装柱　89
水冷式　119
水路式　51
数値電磁界解析　105
スクラム　44
ステップトリーダ　99
ストリング　69
スポットネットワーク方式　150
スリートジャンプ　94

正極性雷　100
制御材　37
制御棒の位置　41
正相分　138
静電正接　115
積層型太陽電池　67
絶縁協調　121
絶縁ゲートバイポーラトランジスタ
　70
絶縁材料　13
絶縁接続　112, 115
絶縁体　13
石灰石―石こう法　31
接地インピーダンス　105, 122

索引

接地抵抗　*104*
設備利用率　*74*
セル　*69*
零相分　*138*
全水頭　*50*

双極方式　*113*
相対性原理　*36*
送電線　*89*
送電端熱効率　*31*
相導体　*91*
送配電　*1*
速度水頭　*50*
損失水頭　*50*

■タ 行■

タービン室効率　*32*
対称座標法　*137*
耐張がいし　*89*
耐張形　*89*
太陽電池　*64*
太陽熱発電　*78*
多重防護　*44*
多重雷　*100*
脱調　*133*
多導体方式　*94*
ダム式　*51*
ダム水路式　*51*
単極方式　*113*
単結晶シリコン太陽電池　*66*
単三式　*149*
短時間許容電流　*114*
単相2線式　*149*
単相3線式　*149*
単独運転防止　*161*
断熱変化　*24*
短絡時許容電流　*114*
断路器　*123*

地中送電線路　*89*
弛度　*92*
地熱発電　*34，78*
着磁　*21*
中間接続　*112*
柱上変圧器　*118*
中性子　*36*
中性点接地　*119*
中性点接地方式　*121*
長幹がいし　*95*
調整池式　*51*
調相機　*124*
調相設備　*124*
超電導ケーブル　*108*
超電導体　*12*
超電導電力貯蔵　*160*
潮流制御　*122*
潮力発電　*78*
直接接地方式　*121*
直接冷却方法　*112*
直線形　*89*
貯水池式　*51*
地絡故障　*102*

翼　*73*

ディーゼル発電　*34*
定格風速　*73*
抵抗接地方式　*121*
ディジタル形リレー　*129*
低速再閉路　*123*
停電　*98*
鉄心　*21*
鉄損　*20*
電圧上昇抑制問題　*161*
電圧不安定現象　*132*
電位上昇　*101*
電気集じん機　*31*

183

索　引

電磁鋼　*21*
電子式リレー　*129*
電磁軟鉄　*21*
転送遮断　*131*
電流波高値　*101*
電力線　*91*
電力貯蔵装置　*158*
電力変換器　*76*
電力輸送　*89*

等圧変化　*24*
等温変化　*24*
等価三相発電機の基本式　*138*
同期化力　*83*
冬季雷　*98*
導体　*11*
導電材料　*11*
灯動変圧器　*120*
トリチェリの定理　*51*

■ **ナ　行** ■

内部エネルギー　*23*
内部冷却方法　*112*
流れ込み式　*51*
鉛蓄電池　*160*
軟磁性体　*20*
軟銅線　*12*

二次系　*40*
二次電池　*160*
二重給電誘導発電機　*76*
二線地絡故障　*136*

熱中性子　*37*
熱電併給　*78*
熱力学の第一法則　*23*
熱力学の第二法則　*24*
ねん架　*95*

燃料集合体　*38*
燃料電池　*158*

■ **ハ　行** ■

パーマロイ　*21*
配電系統　*147*
配電線　*89*
配電変電所　*147*
パイロットリレー方式　*130*
発電　*1*
発電機効率　*32*
発電端熱効率　*31*
パッドマウント変圧器　*118*
波頭長　*101*
波尾長　*101*
波力発電　*79*
パルス幅変調　*70*
パワーエレクトロニクス　*76*
パワーカーブ　*73*
パワー係数　*73*
パワーコンディショナ　*70*
バンク　*147*
反射体　*37*
反動水車　*54*
反動タービン　*29*
反応度　*43*

光ファイバ複合架空地線　*92*
引留形　*89*
ヒステリシス（履歴）現象　*19*
ヒステリシス損　*20*
ヒステリシスループ　*19*
比速度　*56*
微風振動　*93*
非有効接地　*122*
ピンがいし　*95*

ファラデー効果　*134*

索　引

風力発電機　　73
フェライト　　21
フェライト磁石　　22
フェランチ現象　　85
フェランチ効果　　114
負荷の平準化　　2
負極性雷　　100
復水器　　29
不足電圧リレー　　127
普通接続　　112
沸騰水型軽水炉　　41
フライホイール　　160
ブラシレス励磁方式　　30
フランシス水車　　55
フリッカ　　156
ブレード　　73
プロペラ形　　72
プロペラ水車　　55
分岐接続　　112
分散型電源　　158
分析　　126

平板電極　　104
並列　　122
ヘッドタンク　　54
ヘテロ接合（HIT）型太陽電池　　67
ペルトン水車　　54
ベルヌーイの定理　　50
変圧　　117
変圧器　　16
変成器　　133
変電所　　89
変動電源　　80

ボイド　　42
ボイラー室効率　　31
方向リレー　　127
防災変圧器　　118

ホウ酸の濃度　　41
棒電極　　104
飽和磁束密度　　20
保護継電器　　103
保護制御　　122
補償リアクトル接地方式　　122
保持力　　20
母線　　150
ポッケルス効果　　134
ボルタ　　1
本線・予備線方式　　150
ポンプ水車式　　58

■マ　行■

巻線形誘導発電機　　75

無限大電源　　83
無効電力補償　　124

メガソーラー　　69
メッシュ電極　　105

モールド変圧器　　118
モジュール　　69
モニター　　126

■ヤ　行■

有効接地　　122
有効送電容量　　114
誘電体損　　115
誘導形リレー　　129
油止接続　　112
油送式　　119
油中終端接続　　112
油入式　　119

陽子　　36
揚水発電　　58，160

185

索　引

溶融炭酸塩形燃料電池　*159*

■ラ　行■

雷サージ　*103*
雷遮蔽　*91*, *101*
ランキンサイクル　*25*

力率改善　*123*
リターンストローク　*99*
流出係数　*51*
量子ドット太陽電池　*67*
リレー　*103*
理論水力　*51*
臨界状態　*37*
リン酸形燃料電池　*159*

ループ方式　*148*

冷却材　*37*
レギュラーネットワーク方式　*149*
レドックスフロー電池　*160*
連続の式　*50*

炉心　*38*

■英数字・記号■

ACSR　*12*, *91*
ATR　*46*
B-H 曲線　*19*
CANDU 炉　*39*
CV ケーブル　*15*
CV ケーブル　*108*
DFIG　*76*
ECCS　*44*

FBR　*46*
GCB　*17*
GIL　*17*
GIS　*17*
GIS ケーブル　*108*
HDCC　*91*
IGBT　*70*
LNG　*27*
MCFC　*159*
MOX　*45*
N-1 信頼度基準　*87*
NAS 電池　*160*
OF ケーブル　*16*
OF ケーブル　*109*
OPGW　*92*
PAFC　*159*
PEFC　*159*
PSC　*70*
PWM　*70*
RBMK　*39*
SMES　*160*
SOFC　*159*
TACSR　*92*

100 V ± 6 V　*81*
202 V ± 20 V　*81*

V 結線　*120*
Y-Y 結線　*119*
Y 結線　*119*
△-△結線　*119*
△-Y 結線　*119*
△結線　*119*

〈編者・著者略歴〉

伊与田 功（いよだ いさお）
1975 年　京都大学工学部電気工学科卒業
1992 年　博士（工学）
現　在　大阪電気通信大学工学部電気電子工学科教授

安田 陽（やすだ よう）
1994 年　横浜国立大学大学院工学研究科電子情報工学専攻博士後期課程修了
1994 年　博士（工学）
現　在　関西大学システム理工学部電気電子情報工学科准教授

宮内 肇（みやうち はじめ）
1985 年　京都大学大学院工学研究科電気工学専攻博士後期課程中途退学
1991 年　工学博士
現　在　熊本大学大学院自然科学研究科情報電気電子工学専攻准教授

石亀 篤司（いしがめ あつし）
1989 年　大阪府立大学大学院工学研究科博士前期課程修了
1993 年　博士（工学）
現　在　大阪府立大学大学院工学研究科電気・情報系専攻教授

- 本書の内容に関する質問は，オーム社ホームページの「サポート」から，「お問合せ」の「書籍に関するお問合せ」をご参照いただくか，または書状にてオーム社編集局宛にお願いします．お受けできる質問は本書で紹介した内容に限らせていただきます．なお，電話での質問にはお答えできませんので，あらかじめご了承ください．
- 万一，落丁・乱丁の場合は，送料当社負担でお取替えいたします．当社販売課宛にお送りください．
- 本書の一部の複写複製を希望される場合は，本書扉裏を参照してください．

JCOPY ＜出版者著作権管理機構 委託出版物＞

OHM大学テキスト
電力発生・輸送工学

2013 年 10 月 25 日　第 1 版第 1 刷発行
2021 年 9 月 15 日　第 1 版第 5 刷発行

編 著 者　伊与田 功
発 行 者　村上和夫
発 行 所　株式会社オーム社
　　　　　郵便番号　101-8460
　　　　　東京都千代田区神田錦町 3-1
　　　　　電話　03(3233)0641(代表)
　　　　　URL　https://www.ohmsha.co.jp/

© 伊与田功 2013

印刷・製本　三美印刷
ISBN978-4-274-21451-6　Printed in Japan